Energiewende in 60 Minuten

Thomas Kästner · Andreas Kießling

Energiewende in 60 Minuten

Ein Reiseführer durch die Stromwirtschaft

Thomas Kästner
München, Deutschland

Andreas Kießling
München, Deutschland

ISBN 978-3-658-11560-9   ISBN 978-3-658-11561-6 (eBook)
DOI 10.1007/978-3-658-11561-6

Die Deutsche Nationalbibliothek verzeichnet diese Publikation in der Deutschen Nationalbibliografie; detaillierte bibliografische Daten sind im Internet über http://dnb.d-nb.de abrufbar.

Springer VS
© Springer Fachmedien Wiesbaden 2016
Das Werk einschließlich aller seiner Teile ist urheberrechtlich geschützt. Jede Verwertung, die nicht ausdrücklich vom Urheberrechtsgesetz zugelassen ist, bedarf der vorherigen Zustimmung des Verlags. Das gilt insbesondere für Vervielfältigungen, Bearbeitungen, Übersetzungen, Mikroverfilmungen und die Einspeicherung und Verarbeitung in elektronischen Systemen.
Die Wiedergabe von Gebrauchsnamen, Handelsnamen, Warenbezeichnungen usw. in diesem Werk berechtigt auch ohne besondere Kennzeichnung nicht zu der Annahme, dass solche Namen im Sinne der Warenzeichen- und Markenschutz-Gesetzgebung als frei zu betrachten wären und daher von jedermann benutzt werden dürften.
Der Verlag, die Autoren und die Herausgeber gehen davon aus, dass die Angaben und Informationen in diesem Werk zum Zeitpunkt der Veröffentlichung vollständig und korrekt sind. Weder der Verlag noch die Autoren oder die Herausgeber übernehmen, ausdrücklich oder implizit, Gewähr für den Inhalt des Werkes, etwaige Fehler oder Äußerungen.

Lektorat: Jan Treibel, Daniel Hawig.

Gedruckt auf säurefreiem und chlorfrei gebleichtem Papier

Springer Fachmedien Wiesbaden ist Teil der Fachverlagsgruppe Springer Science+Business Media
(www.springer.com)

Inhalt

Günther H. Oettinger
Vorwort | VII

1 Energiewende – wer hat's erfunden? | 1

2 Einmaleins der Energiebegriffe | 9

3 Die fünf Säulen der Energiewende | 17

4 60 Minuten Energiewende | 25

    4.1 Zehn Minuten Erneuerbare Energien | 25

    4.2 Zehn Minuten Atom und Ausstieg | 54

    4.3 Zehn Minuten Kohle und Gas | 84

    4.4 Zehn Minuten Netz und Transport | 110

    4.5 Zehn Minuten Markt und Preise | 131

    4.6 Zehn Minuten Zukunft der Technik und Energieeffizienz | 161

5   Energie, Wirtschaft, Klima: Was ist zu tun? | 183

6   Ein Blick in die Zukunft –
    eine fiktive Reise in das Jahr 2023 | 187

Service-Annex: Akteure und Netztipps | 193

Vorwort

Vom ehemaligen EU-Kommissar für Energie,
Günther H. Oettinger[1]

Elektrische Energie, Strom, ist der Treibstoff unserer modernen Gesellschaft. Ohne Strom kein Licht, kein Kühlschrank, kein öffentlicher Nah- und Fernverkehr, keine moderne Kommunikation. Kein Bestandteil unseres täglichen Lebens ist heute denkbar ohne die vielen kleinen elektronischen Helfer, die wir rund um die Uhr bei uns tragen.

Die effiziente Herstellung, Verteilung und Nutzung dieses Stroms ist die wohl größte Herausforderung für Deutschland, Europa und die Welt seit der industriellen Revolution. Der Begriff »Energiewende« ist zum Synonym geworden für dieses ambitionierte Unterfangen.

Wir als Gesellschaft sehen uns mit einer neuen Realität konfrontiert, in der wir auf absehbare Zeit, wir reden über einen Zeithorizont von 50 bis 80 Jahren, ohne die uns gewohn-

---

1 Das Vorwort hat Herr Kommissar Oettinger 2013 verfasst. Aufgrund der energiepolitischen Dynamik, wie z. B. die Reform des EEGs oder die Diskussion um das Strommarktdesign, haben die Autoren entschieden, diese Änderungen aufzunehmen und das Buch später zu veröffentlichen. Aus Sicht der Herausgeber ist das Vorwort dennoch aktueller denn je.

ten Energieträger wie Kohle, Gas und auch Nuklearenergie auskommen werden müssen. Wir brauchen Energie aus nachhaltigen und erneuerbaren Quellen. Immer mehr Menschen auf dieser Welt brauchen immer mehr Energie, um ihr Verlangen nach einem Lebenswandel zu stillen, der unserem in den klassischen Industrienationen des Westens gleicht.

Photovoltaik, Biogas und Biomasse, Windkraft und Energieerzeugung aus der Kraft des Wassers – in einer vielleicht nicht allzu fernen Zukunft auch die Kernfusion – sind die mittel- und langfristigen Alternativen zu unseren klassischen Energieträgern. Aber diese Technologien sind teilweise noch nicht so effizient und wettbewerbsfähig, dass sie neben den etablierten Arten der Energieerzeugung in einer Marktwirtschaft bestehen könnten.

Deshalb müssen wir sie fördern und unterstützen, in ganz Europa, nicht nur in Deutschland. Das deutsche Erneuerbare Energien Gesetz hat in seinen Anfangsjahren Großartiges geleistet, aber mittlerweile führt es in Deutschland zu Fehlallokationen und falsche Investitionsanreize werden gesetzt. Das EEG war ein gutes Gesetz, es ist jedoch dringend reformbedürftig. Und die überstürzt eingeleitete und singulär auf den deutschen Markt bezogene Energiewende erleichtert die Lösung des Problems ebenfalls nicht.

Was Deutschland, was Europa braucht, ist eine Energiepolitik aus einem Guss. Der Übergang zu einer CO_2-armen Energiewirtschaft kann nur europäisch gelingen. Wir – alle Europäer, vom Bürger bis zum Staatschef – müssen unsere Anstrengungen koordinieren und gemeinsam mit der Industrie Lösungen erarbeiten.

Der Aufbau eines gemeinsamen Energiebinnenmarktes ist der nächste Meilenstein auf diesem noch langen Weg. Es müssen Netze verbunden, Interkonnektoren gebaut, Leitungen verlegt und bürokratische Barrieren eingerissen werden. In Kürze wird die Freiheit des Energieflusses genauso zu unserem Alltag gehören, wie die Freiheit des Warenverkehrs oder die Freiheit des Kapital- und Zahlungsverkehrs. Dies setzt aber gleiche Wettbewerbsbedingungen für alle Teilnehmer dieses Marktes voraus. Daher müssen wir so schnell und gründlich wie möglich die nationalstaatlichen Förderungsmechanismen für Erneuerbare Energien auf europäischer Ebene abstimmen.

Wenn eine Investitionsentscheidung nicht mehr davon abhängt, wo der höchste Einspeisetarif gezahlt wird, sondern davon abhängig gemacht wird, wo die Technologie am effektivsten genutzt werden kann, dann wird dies allen Europäern zu einer günstigeren, sichereren und nachhaltigeren Energieversorgung verhelfen.

Heute wird die Frage gestellt, wo eine Photovoltaikanlage den höchsten Return on Investment erzeugt. Und diese Frage ist ohne Zweifel kaufmännisch die einzig sinnvolle, aber mit den Werkzeugen Energiebinnenmarkt und Abstimmung der Unterstützungssysteme haben wir die Möglichkeit, dieser Frage eine weitere Dimension hinzu zufügen. Die Frage wird dann lauten: »Wo produziert eine Photovoltaikanlage den meisten Strom?«.

Und die Antwort ist so simpel wie naheliegend: Da, wo die meiste Sonne scheint. Und das ist im europäischen Kontext nun einmal nicht die Lüneburger Heide oder der Bayerische Wald. Das sind Portugal, Spanien, Italien, Griechenland oder Zypern. Für diese sonnenverwöhnten Staaten stellt die europäische Energiewende die große Chance dar, sich industriell ein zweites Mal zu revolutionieren. Aber davon können sie nur profitieren wenn wir unsere Stromnetze europäisieren und grenzüberschreitend ausbauen.

Der größte Profiteur dieser großen Umwälzungen muss, kann und wird aber Deutschland sein. Strom aus skandinavischer Wasserkraft und aus mediterraner Sonne wird durch Leitungen fließen, die durch Deutschland gehen. Das Solarpanel, das diesen Strom in Spanien produziert, mag mittlerweile aus China kommen, aber der Wechselrichter, die Steuerungselektronik, das Umspannwerk, der Großteil der Wertschöpfung wird aus Deutschland kommen.

Deutschland darf sich dieser Entwicklung nicht verstellen, sie muss als Chance gesehen werden. Wenn wir uns gegen den notwendigen Ausbau der Netze stellen, riskieren wir nicht nur unsere Wettbewerbsfähigkeit, wir riskieren das Scheitern der Energiewende und wir riskieren die Sicherheit unserer heimischen Stromversorgung. Der durchschnittliche Freileitungsmast in Deutschland ist 50 bis 60 Jahre alt, der Großteil der dezentralen Transformatoren ist sogar noch älter. Diese Gerätschaften müssen ersetzt und auf den neuesten Stand gebracht werden. Diese Investitionen sichern nicht nur heimische Arbeitsplätze, sie werden neue schaffen.

Aber all dies kostet nicht nur Geld, sondern auch Zeit. Pläne müssen nicht nur erstellt und genehmigt werden, sie müssen der Bevölkerung, den Anwohnern und direkt Betroffenen auch erklärt werden. Es braucht gemeinsame Anstrengungen von Politik, Industrie, Verbänden und nicht zuletzt von interessierten und engagierten Bürgern, diesem Projekt des Übergangs der Energiewirtschaft die richtige Richtung und Geschwindigkeit zu verleihen. Es ist Aufgabe der Politik alle notwendigen Schritte zu erklären, es ist aber ebenso Aufgabe der Bürger zu zuhören.

Nach der fatalen Katastrophe von Fukushima hat die deutsche Kanzlerin den Ausstieg vom Atomausstieg mit aller Vehemenz forciert. Dieser Schritt mag für den einen überraschend, für den anderen übereilt gewesen sein, schlussendlich wurde damit Zieldatum gesetzt: Am 31.12.2022 geht das letzte deutsche Kernkraftwerk vom Netz. Das stellt die deutsche Stromversorgung vor enorme Herausforderungen. Der Grundlastbedarf unserer Industrienation muss unter allen Umständen jederzeit gesichert sein. Alles andere kostet Arbeitsplätze und verringert die Wettbewerbsfähigkeit der deutschen Wirtschaft.

Zum jetzigen Zeitpunkt lässt sich diese Grundversorgung

jedoch nicht allein mit erneuerbaren Energieträgern sicherstellen. Deshalb werden wir in Deutschland, auch in ganz Europa, auf Jahrzehnte hinweg noch auf Kohle und im weiter zunehmenden Maße auch auf Gas angewiesen sein. Wir müssen daher alles tun, um diese Technologien so umweltfreundlich und effizient wie möglich anzuwenden. Das Auffangen und Speichern und CO_2, kurz CCS, stellt eine technologisch anspruchsvolle und der Klimabilanz zuträgliche Ergänzung zur Nutzung von Kohlekraftwerken dar. Es sind jedoch noch immer nicht alle Fakten rund um die Technologie geklärt, seien es die Auswirkungen auf die Effizienz von Kohlekraftwerken oder die Langzeitfolgen auf die Umwelt. Weitere Forschung und Entwicklung in diesem Feld ist unabdingbar.

Auch müssen wir unsere Lieferantenstruktur im Bereich Gas weiter diversifizieren. In wenigen Jahren werden die niederländischen und britischen Vorräte erschöpft sein. Mehr denn je müssen wir uns dann auf unsere Partner in Norwegen, in Russland, aber auch in Algerien und Katar verlassen können. Deutschland ist hier in einer recht komfortablen Lage, wir können über ein engmaschiges Pipelinenetz Gas aus allen Himmelsrichtungen beziehen, zu fairen Preisen. Andere Europäer, wie im Baltikum oder in Bulgarien, sind jedoch monopolistischen Marktstrukturen ausgesetzt und zahlen zu hohe Preise. Es müssen daher für alle Mitgliedsstaaten die technischen Voraussetzungen geschaffen werden, damit sie sich am Energiebinnenmarkt ungehindert beteiligen können. Die EU-Energiestrategie unterstreicht diese Priorität.

Dies zeigt einmal mehr, wie wichtig die Abstimmung der nationalen Energiepolitik mit unseren europäischen Nachbarn ist. Nur gemeinsam können wir den bisher so erfolgreich beschritten Weg zu den Zielen 20 % Reduktion der CO_2-Emission, 20 % Steigerung der Energieeffizienz und 20 % Anteil der erneuerbaren Energien am Gesamtenergiemix bis 2020 erreichen. Und wir sind auf einem guten Weg, alles dies im Zeitrahmen umzusetzen. Während manche Mitgliedsstaaten noch etwas mehr Unterstützung brauchen werden, haben andere, wie Österreich oder auch Schweden diese Ziele längst erreicht oder bei weitem übertrumpft.

In diesem Jahr haben wir mit einem Grünbuch zur 2030 Strategie einen Konsultationsprozess gestartet in dessen Verlauf wir erfahren werden, welche neuen Ziele wir uns setzen können. Wichtig ist hierbei, dass jeder Mitgliedsstaat sich auf eine Fortführung des eingeschlagenen Weges verpflichtet sieht. Nichtsdestotrotz müssen wir aber allen Staaten in der Europäischen Union die Möglichkeit einräumen, realistisch und pragmatisch zu erreichende Ziele zu verwirklichen, die ihren jeweiligen Potentialen entsprechen.

Nur durch die Akzeptanz unterschiedlicher Potentiale kann eine Fragmentierung der europäischen Energiepolitik in 27 und bald 28 einzelstaatliche Energiepolitiken verhindert werden. Nicht zuletzt Deutschland kommt hier eine Schlüsselrolle zu. Wir sind größter Energieerzeuger und -Verbraucher in Europa, wir sind die wichtigste Industrienation des Kontinents und Motor der Innovation in der Energietechnik. Zudem sind wir bereits Knotenpunkt der wichtigsten Energieinfrastrukturen im Herzen Europas. Auch politisch kommt Deutschland aufgrund seiner wirtschaftlichen und technologischen Größe eine besondere Verantwortung zu.

Nicht nur auf europäischer Ebene, sondern auch innenpolitisch. Die deutsche Politik darf sich nicht zu lange im Klein-Klein der Genehmigungsverfahren, Bürgerinitiativen und Wahlkampfversprechen ergehen. Sie muss Handlungsfähigkeit beweisen und die Energiewende den Bürgern in ihrer gesamten Tragweite verständlich kommunizieren. Denn bei Energiepolitik geht es heutzutage nicht mehr nur um reine Verfügbarkeit. Es geht auch nicht nur um Nachhaltigkeit und Wettbewerbsfähigkeit. Energiepolitik hat heute auch einen sozialen Aspekt und die steigenden Energiekosten stellen für viele Menschen in Deutschland einschneidende Veränderungen ihres Lebensstandards dar. Die Träume von einer dauerhaften Energieautarkie sind nicht mehr als das, Träume, die zudem die Kosten der Energieerzeugung weiter steigen lassen. Auch simple Steuersenkungen helfen an dieser Stelle, wenn überhaupt, nur kurzfristig.

Ebenso ist Energiepolitik heute mehr denn je auch Industriepolitik. In kaum einem anderen Wirtschaftszweig benötigen Anleger langfristige Planungshorizonte und Investitionsperspektiven. Deswegen müssen wir uns auf allen Ebenen der Politikgestaltung, vom Bürger bis zum Regierungschef eingehend Gedanken darüber machen, wie wir uns unsere Stromversorgung der Zukunft vorstellen. Der von der EU-Kommission erarbeitete »Energiefahrplan 2050« kann ein Anhaltspunkt sein.

Wir müssen uns Zeit nehmen für die Energiewende. Sie ist eine Herausforderung, die nicht von heute auf morgen gelingen wird. Es wird noch Jahrzehnte dauern, bis wir uns von Öl, Gas, Kohle und Uran gänzlich unabhängig machen können. Überhastete Einzelentscheidungen bringen uns nicht voran. Ein Europa jedoch, welches mit einer Stimme spricht und an einem Strang zieht, welches eine langfristige Strategie verfolgt, kann international seriös und glaubhaft agieren und seinen über 500 Millionen Einwohnen Versorgungssicherheit, Wettbewerbsfähigkeit und Nachhaltigkeit garantieren.

Ich davon überzeugt, dass die Lektüre dieses Buches, auch wenn es länger als 60 Minuten dauern sollte, Ihren Sinn für die Herausforderungen der Energiewende schärfen wird. Ich möchte Ihnen ans Herz legen: Nehmen Sie sich diese Zeit.

1 Energiewende – wer hat's erfunden?

In unserer industrialisierten und zunehmend globalisierten Welt spielt Energie eine, wenn nicht sogar *die* zentrale Rolle. Ohne Energie in Form von Öl, Strom, Uran, Kohle und Gas würde unsere Welt und auch unser Tagesablauf anders aussehen. Die Verfügbarkeit von Licht, Wärme, Informationen und Kraft zum Betrieb von Maschinen »auf Knopfdruck« ist aus unserer modernen Gesellschaft nicht mehr wegzudenken. Nicht zu vergessen ist hierbei auch die mechanisierte Landwirtschaft, ohne die die Versorgung der ansteigenden Weltbevölkerung gar nicht möglich wäre. Um es knapp mit den Worten des Physikers und Philosophen Werner Heisenberg zu sagen, kann Energie als Ursache für alle Veränderungen in der Welt angesehen werden.

Im März 2011 hat die unkontrollierbare Energie eines Tsunami die Welt verändert: Durch Überflutung wurden mehrere Notstromaggregate und Kühlwasserpumpen des Kernkraftwerks Fukushima Daiichi in Japan unbrauchbar, so dass die durch die nuklearen Zerfallsprozesse weiter entstehende Wärme in den abgeschalteten Atomreaktoren und den Abklingbecken nicht mehr gekühlt werden konnte. In Folge dessen kam es in drei Reaktorblöcken zu Kernschmelzen. Die durch Fukushima ausgelösten politischen Schockwellen, verstärkt durch die Bilder der Wasserstoffexplosion in drei Reaktorgebäuden, waren in Deutschland besonders stark zu spüren. Unter Führung von Kanzlerin Angela Merkel wurde die ursprünglich angedachte Laufzeitverlängerung der deutschen Kernkraftwerke wieder zurückgenommen und in einer beispiellosen parlamentarischen »Blitzaktion« der endgültige Atomausstieg festgeschrieben. Anfang Juni 2011, also drei Monate nach dem Atomunfall in Fukushima, hat der Deutsche Bundestag parteiübergreifend mit 513 Stimmen von 600 die sofortige Schließung von acht älteren deutschen Kernkraftwerken, den so genannten »Moratoriumsanlagen« verfügt und den schrittweisen und endgültigen Ausstieg aus der Kernenergie bis zum Jahr 2022 beschlossen.

Im gleichen Atemzug wurde die »Deutsche Energiewende« ausgerufen, die neben der Abschaltung der Kernkraftwerke einen massiven Ausbau von Erneuerbaren Energien, Netzinfrastruktur und Energieeffizienzmaßnahmen vorsieht. Die Welt hat sich verwundert die Augen gerieben und schaut nun genau, was die Deutschen da so machen und ob sie die Energiewende überhaupt hinbekommen. Innerhalb kurzer Zeit ist die Energiewende ein deutscher »Exportschlager« geworden, zumindest im Internet: Die Trefferquote »German energy transition« liegt bei Suchmaschinen mit 80 Mio. Treffern über doppelt so hoch wie »Fukushima«, das auf rund 35 Mio. Treffer kommt. Und auch der deutsche Begriff »Energiewende« selbst ist weltweit sprachlich gut eingeführt und muss in der Regel nicht mehr übersetzt werden.

Seit den Beschlüssen des Bundestages zur Energiewende sind gut vier Jahre und eine Bundestagswahl vergangen und allmählich wird die euphorische Stimmung durch eine gewisse Nüchternheit ersetzt. Nach mahnenden Stimmen aus der Wirtschaft hat Bundespräsident Gauck bereits ein knappes Jahr nach den Entscheidungen des Bundestages vor Planwirtschaft bei der Energiewende und einem Übermaß an Subventionen gewarnt. Und tatsächlich sind viele Fragen noch ungeklärt: Wird die Energiewende überhaupt gelingen? Wer wird in die Maßnahmen investieren? Klappt der Netzanschluss der Offshore-Windparks? Können wir das Netz stabil halten? Schaffen wir überhaupt den Ausbau der Netze und will die Bevölkerung diesen? Wollen einzelne Landespolitiker den Ausbau denn überhaupt? Droht Versorgungsunsicherheit und wenn ja, wann und für wen? Bleibt die deutsche Wirtschaft wettbewerbsfähig? Wie lange kann die energieintensive Industrie noch vor Preiserhöhungen geschützt werden? Kann die energieintensive Industrie dauerhaft von den Kosten der Energiewende entlastet bleiben? Können sich Durchschnittsverdiener die Mehrkosten zukünftig noch leisten? Verärgert der energiepolitische Alleingang die deutschen Nachbarn? Sind denn alle anderen Länder ohne eine Energiewende nach unserem Muster energiepolitische Geisterfahrer oder ist es Deutschland selbst?

Die Energiewende zeigt einmal mehr, dass Energie und Politik eng verwoben sind, weltweit, auf europäischer Ebene und eben auch besonders in Deutschland. Die Liberalisierung, d.h. die Öffnung der Strom- und Gasmärkte für den Wettbewerb in Europa, hat an der engen Beziehung zwischen Energie und Politik nur bedingt etwas geändert. Sicher ist: Die Halbwertszeiten der Energiepolitik haben dramatisch abgenommen. Die energiepolitischen Leitplanken können jederzeit, schnell und letztlich für die Betroffenen auch wenig kalkulierbar neu gestaltet werden. Dies ist für Investoren und Unternehmen eine große Herausforderung, weil nachhaltige Investitionen in Energieanlagen mehrere Jahrzehnte gesichert sein müssen, um wirtschaftlich zu sein. Der wirtschaftliche Gau für viele deutsche Energieversorger – Stadtwerke ausdrücklich eingeschlossen – ist beispielsweise der Bau eines neuen Kraftwerks vor z.B. drei Jahren, das über einen Zeitraum von mehr als 20 Jahren abgeschrieben werden soll, das aber bereits heute durch energiepolitische Entscheidungen sein »Geld« nicht mehr erwirtschaften kann.

Die energiepolitischen und gesellschaftlichen Debatten – im Besonderen auch rund um das Thema Energiewende – werden maßgeblich geprägt von Experten und selbsternannten Experten, Volkswirten, Sachverständigen, Ideologen, Technikern, Lobbyisten, Professoren, Gutachtern, Ministerialbeamten, Regierungsmitgliedern, Oppositionsvertretern, Umwelt-, Natur- und Verbraucherschützern, Juristen, Verwaltungsfachleuten, EU-Kommissaren, Journalisten, Verbandsvertretern, Kirchen und vielen mehr. Das große Spektrum der Beteiligten und die breite Meinungsvielfalt führt zu einer unübersichtlichen Heterogenität der Aussagen, die – wie einzelne Puzzlestücke für sich allein genommen – derzeit das Gesamtbild nicht mehr erkennen lassen. Es werden Gutachten und Gegengutachten angefertigt. Mal gibt es eine Stromlücke in Deutschland, dann sind plötzlich trotz Atomausstieg Überkapazitäten vorhanden, mal soll es ganz ohne Atom, Kohle, Gas und nur mit erneuerbaren Energien, dann wieder nur mit dezentralen Kleinanlagen gehen. An den Strombörsen herrscht an machen Stunden ein Überangebot, das sogar zu »negativen Preisen« führt, Abnehmer also Geld dafür bekommen, dass sie den überschüssigen Strom abnehmen. In anderen Stunden ist der Strom so knapp, dass Sorge eines Netzzusammenbruches besteht. Die Bundes- und viele Länderregierungen laden zu Energiegipfeln, sie veröffentlichen Positionspapiere, es wird mit Statistiken gearbeitet und mit verschiedensten Parametern Berechnungen angestellt, die der Bürger – und auch viele Kenner der Materie – längst nicht mehr durchdringen. Hinzu kommt der wachsende Einfluss der Regulierungsbehörden auf Bundes- und Länderebene, die nicht nur den Netzbereich, sondern auch zunehmend die Stromerzeugung regulieren und steuern. Nicht genug damit: Auch Brüssel blickt mit Argwohn auf den deutschen Energiewende-Alleingang und sieht an einigen Stellen den Wettbewerb in Gefahr.

Als Folge dieses unüberschaubaren Prozesses entsteht Verwirrung und Unsicherheit – zwei Attribute, die einen hervorragenden Nährboden für Misstrauen gegenüber den Entscheidungsträgern in Politik, Verwaltung und Wirtschaft bilden. Die nicht einfach verständliche Materie der Energieversorgung, die häufig von einer komplizierten Techniksprache und von speziellen juristischen Fachbegriffen geprägt ist, verstärkt diesen Effekt ebenso, wie die weiterhin sehr emotional und ideologisch geführten Energiedebatten.

Anders als vor noch vor der Energiewende, hat die Politik mit ihrer Entscheidung die deutschen Akteure veranlasst, die energiepolitischen Schützengräben zu verlassen und gemeinsam an einer Energiewende zu arbeiten. Die Politik muss andererseits gegenüber den europäischen Nachbarn für Vertrauen werben, da dieses durch deren Nichteinbeziehung teilweise verloren gegangen ist. Denn eines ist sicher: Auch unsere europäischen Nachbarn sind direkt von der Energiewende betroffen, wie z. B. durch die massiv an der Strombörse gesunkenen Preise, die auch durch den erheblichen Zubau von erneuerbaren Energien in Deutschland verursacht wurden.

In diesem Buch soll die Materie »Energie« und »Energiewende« für den Bereich der Stromversorgung in Deutschland und Europa entschlüsselt werden. Es vermittelt technische, ökonomische, rechtliche und politische Zusammenhänge der Energiewirtschaft. Wir wollen dabei bewusst auf verständliche Erklärungen setzen. Jeder ist angesprochen, der sich an der Lösungsfindung für die Energieversorgung der Zukunft beteiligen möchte, sich aber nicht mehr richtig mitgenommen fühlt. Gleichsam soll ergründet werden, was hinter dem Begriff »Energiewende« steckt und welche Änderungen auf uns als Verbraucher und Bürger zukommen.

»Energiewende in 60 Minuten« reiht sich damit ein in die beiden von uns bisher herausgegebenen Büchern »Energie in 60 Minuten«. Beim ersten »Reiseführer durch die Stromwirtschaft« von 2009 stand Deutschland vor der Frage der

Laufzeitverlängerung für die Kernenergie, was auch den Inhalt des Buches mit prägte. Zudem lag der Fokus noch stärker auf technischen Fragen. Der »Reiseführer durch die Gaswirtschaft« von 2012 nahm dann den Energieträger Erdgas in den Blick.

Die Schwierigkeiten und Unsicherheiten, die mit den Beschlüssen zur Energiewende eher größer geworden sind, sind uns bewusst. Was passiert, wenn die steigenden Mehrkosten zu Energiearmut führen? Sind neue Strommasten und Kraftwerke in Deutschland überhaupt durchsetzbar? Steht die Energiewende auf der Kippe, wenn die deutsche Wirtschaft in eine Rezession rutscht? Überwiegen die Vorteile die Nachteile? Überwiegen die Mehrkosten die gesparten Ausgaben für fossile Energie?

Es obliegt Ihnen als Leser, sich von der Situation selbst ein Bild zu machen. Als Orientierungspunkt kann dabei das weiter aktuelle »energiepolitische Zieldreieck« dienen, das sich an den Themen Versorgungssicherheit, Klima- und Umweltschutz sowie Wettbewerb und Wirtschaftlichkeit orientiert und ausgeglichen sein sollte. Dieses Zieldreieck dient auch als Basis für die Darstellung der Energiediskussionen in diesem Band. Aus Sicht der deutschen Wirtschaft ist das energiepolitische Zieldreieck allerdings schon längst nicht mehr ausgliechen, sondern stark in Richtung »Umweltschutz« verbogen.

Das Projekt »Energiewende in 60 Minuten« spiegelt ausschließlich die Meinungen der Autoren wider, die für den Inhalt verantwortlich sind. Unser besonderer Dank gilt Günther H. Oettinger, der das Vorwort zu diesem Buch noch in seiner Rolle als Energiekommissar geschrieben hat und das für die Debatte weiterhin hochaktuell ist.

Abbildung Energiepolitisches Zieldreieck aus Sicht der deutschen Wirtschaft

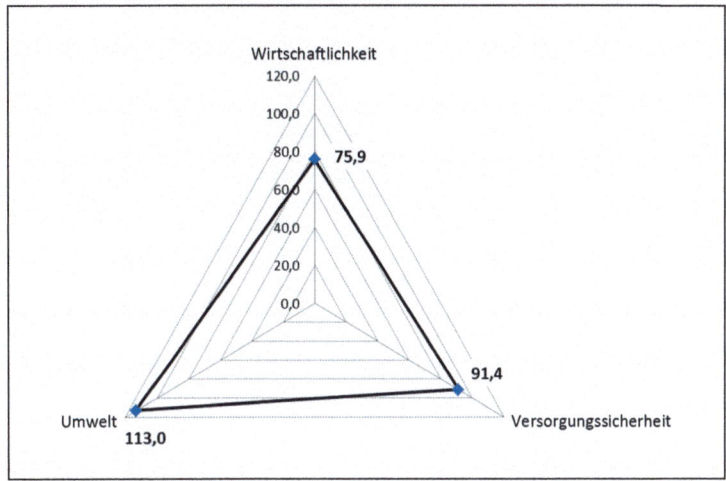

Quelle: Deutscher Energiewende Index, 3. Quartal 2014, Hrsg. Ernst&Young

2 Einmaleins der Energiebegriffe

Strom: Spannung, Stärke, Frequenz und Leistung
Bei der Diskussion um die Stromversorgung wird oft vieles durcheinandergebracht – Volt und Watt kennen wir von gängigen Elektrogeräten aus dem täglichen Leben, bei Ampere und Hertz bestehen vielleicht noch Erinnerungen aus dem Physikunterricht.

Das Verständnis für die unterschiedlichen Größen wird einfacher, wenn man Stromversorgung mit Wasserversorgung vergleicht: Die Spannung ist der Druck, mit dem Strom durch eine Leitung fließt, wie Wasser in einem Rohr, das dort unter einem gewissen Druck steht. Gemessen wird Spannung mit Volt – jede Steckdose steht in Deutschland unter einer Spannung von etwa 230 Volt. Die Leitung selbst stellt einen Widerstand dar. Ein dünnes Kabel bedeutet dabei einen großen Widerstand, ein dickes dagegen einen kleinen Widerstand. Wie beim Wasser, das – wenn es durch ein dünnes Rohr gepumpt wird – im Vergleich zu einem dicken Rohr einen größeren Widerstand überwinden muss. Kinder merken dieses Prinzip sehr schnell beim Trinken mit dünnen und dicken Strohhalmen. Bei der Elektrizität wird der Widerstand in Ohm gemessen.

Die Stärke des Stroms, die durch ein Kabel fließt oder fließen kann, wird in Ampere ausgedrückt. Multipliziert man die Spannung (Druck oder Volt) mit der Stromstärke (Durchflussmenge oder Ampere) erhält man die Leistung, die in Watt angegeben wird. Ein Staubsauger hat in der Regel eine Leistung von 1 000 Watt, was ungefähr 1,36 PS entspricht – bei einer Spannung von 230 Volt würden ungefähr 4,5 Ampere »fließen«. In der Regel ist eine Haussteckdose mit 16 Ampere abgesichert. Also könnten maximal drei Staubsauger mit der genannten Leistung angeschlossen werden, ohne dass die Steckdose überlastet wird und die Sicherung herausfliegt.

Wird der 1 000-Watt-(oder 1 Kilowatt)-Staubsauger eine Stunde lang betrieben, verbraucht er genau eine Kilowattstunde Strom. Bei gleichem Stromverbrauch könnten anstelle des Staubsaugers zehn 100 Watt Glühbirnen (die es in der EU nicht mehr zu kaufen gibt) betrieben werden. Watt bezeichnet also die Leistung, Wattstunde die Arbeit. Der Unterschied wird wieder in einem Vergleich deutlich: Ein Profiradsportler fährt einen Alpenpass in einer Stunde hoch, ein Hobbysportler braucht gut zwei Stunden. Der Profi leistet 400 Watt, der Hobbysportler 200 Watt. Oben am Gipfel haben sie aber beide 400 Wattstunden gearbeitet. Der Stromzähler misst den Verbrauch und zählt die verbrauchten Kilowattstunden bei einem 3-Personen-Durchschnittshaushalt werden im Jahr etwa 3 500 Kilowattstunden (kWh) verbraucht.

Die Stromschwingungen im Netz sind für den Verbraucher relativ unwichtig – sie betragen im Haushaltsnetz weltweit etwa 50 Schwingungen pro Sekunde, die in Hertz gemessen werden. Aus historischen Gründen fahren Züge mit Strom, der eine andere Hertzzahl aufweist, in Deutschland sind dies 16,7 Hertz.

Spannung   Volt
Strom (Stärke) Ampere
Widerstand   Ohm
Leistung   Watt
Arbeit   Wattstunde (Stromverbrauchseinheit in einer Stunde)
Frequenz   Hertz

Im Starkstrombereich kommt man mit den üblichen Bezeichnungen anhand der genannten Größenordnungen nicht mehr aus. Daher wird die Skala für den Starkstrom erweitert.

kV	Kilovolt	1 000 Volt
kW	Kilowatt	1 000 Watt (= ca. 1,36 PS)
MW	Megawatt	1 000 Kilowatt
kWh	Kilowattstunde	1 000 Wattstunden
MWh	Megawattstunde	1 000 Kilowattstunden
GWh	Gigawattstunde	1 Million Kilowattstunden (oder 1 000 MWh)
TWh	Terawattstunde	1 Milliarde Kilowattstunden (1 000 GWh)

In Deutschland wurden im Jahr 2014 insgesamt 511 TWh verbraucht.

Gas: Volumen, Druck und Brennwert

Chemisch gesehen ist Gas neben »fest« und »flüssig« zunächst ein Aggregatzustand. Durch Zuführung von Wärme kann dieser Zustand geändert werden. Ein Beispiel: Durch Zuführung von Wärme wird Eis flüssig und zu Wasser, führt man noch mehr Wärme zu, verdampft das Wasser. Es geht auch andersherum: Kälte lässt den Wasserdampf kondensieren, es entstehen zum Beispiel Wolken. Gas kann aber auch durch

Hinzufügen von Druck verflüssigt und flüssiges Gas durch Reduzierung von Druck wieder gasförmig werden.

Bei einem festen Zustand sind die Kräfte zwischen den Molekülen relativ groß, bei Gas sind sie gering. Die für die Verbrennung geeigneten Gase bestehen meist aus Kohlenwasserstoffen, vereinfacht gesagt dem gleichen Grundstoff unseres Erdöls. Das für Heizung, Kraftwerke und Verkehr verwendete Gas ist meist ein Naturgas, welches als Erdgas oder Erdölgas gefördert und über Pipelines – ähnlich wie Wasser – zum Verbraucher transportiert wird.

Um Gas zu transportieren, muss in der Leitung immer Druck herrschen. Er wird genauso aufgebaut wie durch Pumpen in einem Wasserwerk. In der Gasleitung heißen diese große »Pumpen« Verdichterstationen.

In Ferngasleitungen, den »Autobahnen« der Gasinfrastruktur, beträgt der Druck bis zu 100 bar, wobei 1 bar etwa 1 kg/cm² beträgt. Zum Vergleich: Autoreifen stehen etwa unter einem Druck von 2 bar. Auf den regionalen Transportleitungen beträgt der Druck zwischen 1 und 70 bar, vor Ort beim Kunden, also an der Heizung oder am Gasherd, herrscht noch etwa ein Druck von 1 bar. Wie viel Gas durch Leitungen fließt und wie viel Gas verbraucht wird, bestimmt sich nach dem Volumen, das in Kubikmetern (m^3) gemessen wird. Ein Kubikmeter ist das Volumen eines Würfels von 1 × 1 × 1 Meter. Zum Vergleich: In einer Campinggasflasche kann ein Gasvolumen von etwa 5,5 m^3 gespeichert werden. Der historische Gasometer in Berlin Schöneberg, in dem heute u.a. Fernsehtalkshows produziert werden, hatte ein Volumen von etwa 160 000 m^3 und große, unterirdische Gasvorkommen oder Speicher enthalten meist mehrere Milliarden Kubikmeter. Der durchschnittliche Gasverbrauch eines Haushalts für Heizung beträgt pro Jahr und Quadratmeter etwa 14 m^3.

Wenngleich das Gasvolumen in Kubikmetern gemessen wird, erfolgt die Abrechnung in Kilowattstunden (kWh), der so genannten Arbeit. Warum eigentlich? Je nach Zusammensetzung des Gases differiert dessen Energiedichte oder dessen Energiegehalt. Die Energiedichte bestimmt wiederum den »Heiz- oder Brennwert«, also die Energie, welche bei vollständiger Verbrennung freigesetzt werden kann. Die Abrechnung in kWh ist deshalb genauer als die Abrechnung nach Kubikmetern. Man bezahlt nur die tatsächliche Energie, die »Arbeit«, welche in dem jeweiligen Kubikmeter Gas der entsprechenden Qualität steckt.

Um zu ermitteln, wie viele Kilowattstunden in einem Kubikmeter Gas enthalten sind, wird ein Umrechnungsfaktor herangezogen. Aufgrund verschiedener Wirkungsgrade im Vergleich zum Strom beträgt der Umrechnungsfaktor »Gas-Strom« etwa 1,35. Um einen Föhn mit 1000 Watt eine Stunde lang elektrisch zu betreiben, benötigt man eine Kilowattstunde. Bei Betreiben des Föhns mit Gas würde man für die gleiche Heizleistung 1,35 kWh benötigen. Dieser Wert sagt natürlich nichts über die gesamte Energiebilanz aus, da der Strom erst hergestellt und transportiert werden muss und hierbei wieder Verluste auftreten.

Um zu ermitteln, wie viel Gas bei einem Verbraucher überhaupt ankommen kann, ist die Anschlussleistung eine weitere wichtige Größe, die in Kilowatt (kW) gemessen wird. Die Anschlussleistung bestimmt sich nach der erforderlichen Kapazität, z.B. der Leistung der Gasheizung. Wie bei einem Fahrzeug wird hier in kW angegeben, wie viel Leistung abgegeben werden kann – das Einstellen der Heizung auf höchste Raumtemperatur entspricht dabei im wahrsten Sinne des Wortes »Vollgas« bei einem Fahrzeug. Die Anschlussleistung einer durchschnittlichen Heizung für ein Haus beträgt etwa 8–15 kW.

Die wichtigsten Begriffe nochmal im Überblick:

Druck   bar; 1 bar = 1kg/cm²
Leistung Watt
Arbeit   Wattstunde
Volumen   Kubikmeter (m³)

In der Gaswirtschaft kommt man mit den üblichen Bezeichnungen anhand der Größenordnung nicht mehr aus. Daher muss die Skala – wie oben beim Strom – um die Vorsilben »kilo« (Tausend), »mega« (Million), »giga« (Milliarde) und »tera« (Billion) erweitert werden.

Wärme: Joule, Gigajoule und Steinkohleeinheiten

Wärme ist eine Form der Energie und wird in Joule (früher in Kalorien) angegeben. Wärme beschreibt, wieviel Energie nötig ist, um die Temperatur eines Stoffes zu verändern, z. B. die Temperatur eines Heizkessels auf die Heizkörper zu übertragen. Die Einheit Joule dient primär als Berechnungsgrundlage in Physik und Technik. Die Umrechnungsfaktoren sind:

Ws	Wattsekunde	1 Joule (J)
Cal	Kalorie	4,19 J
Wh	Wattstunde	3600 J
kWh	Kilowattstunde	3 600 000 J
278 kWh	Kilowattstunden	1 Gigajoule (GJ)

Zur Vereinfachung der Umrechnung, wieviel Energie in einem Stoff steckt und wieviel Wärme aus ihm erzeugt werden kann, wird mit den Begriffen »Wärmeeinheit« (WE) und Rohöleinheit (RÖE) gearbeitet. Sie sind keine physikalischen Größen und werden im Heiz- und Effizienzbereich verwendet, um verschiedene Energieformen, wie z. B. Öl, Kohle oder Gas besser vergleichen zu können. Insbesondere im technischen (Kraftwerks-)Bereich wird daneben noch mit Steinkohleeinheiten (SKE) gerechnet.

Wärmeeinheit
1 kWh = 860 kcal = 860 WE
1,16 kWh = 1 000 kcal = 1 000 WE

Rohöleinheit
11,63 kWh = 10 000 kcal = 1 RÖE

Steinkohleeinheit
8,14 kWh = 7 000 kcal = 1 SKE

3 Die fünf Säulen der Energiewende

Die Energiewende ist zunächst ein abstrakter Begriff, der sehr gefällig daherkommt. In ihr steckt die »Wende«, die in Deutschland im Besonderen mit der deutschen Wiedervereinigung verbunden wird und für viele Menschen positiv besetzt ist. Mit Wende wird Aufbruch und Zukunft verbunden: Die als »Dinosauriertechnik« verschriene Atomkraft wird abgeschaltet, Kohlekraft wird hinterfragt, die Welt wird schön und erneuerbar. Doch was ist die Energiewende genau? Welche Inhalte hat sie? Wer muss mitmachen, damit sie gelingt? Was passiert, wenn sich herausstellt, dass es Probleme gibt und sich der Zeitplan verschiebt? Und wird es auch in Bezug auf das Hin- und Her bei der Energiewende einmal einen »Energiewendehals« geben?

Was in der »Energiewende« verpackt ist, wird nicht immer klar. Sicher ist aber: Diejenigen, die die politische Verantwortung tragen, glauben, dass es klappt. Und sie muss klappen – um der deutschen Wirtschaft Willen. Die Ministerien sind in der Verantwortung und haben unzählige Informationen zur Energiewende veröffentlicht, die aber leider nicht immer genau beschreiben, was die Energiewende eigentlich ist.

Aus den Werbekampagnen der Bundesregierung und den öffentlichen Informationen erfährt man, dass die »Bundesregierung auf Kurs ist«, dass es eine passende Mittelstandsinitiative zur Energiewende gibt, die Managementprämie des EEG abgesenkt wurde, die Offshore-Haftungsregel beschlossen ist und ein 10-Punkte Programm helfen soll, die Abstimmung zwischen allen Beteiligten selbstverständlich zu erhöhen. Zu allen relevanten Themen gibt es mindestens immer einen Newsletter. Auf der Homepage von »energiewende.de«, die das Ökoinstitut betreibt, wird sich bereits mit dem Thema »Halbzeit Energiewende« beschäftigt, während andere Anbieter Tipps geben, wie wir die Energiewende selber machen können. Sind wir also alle Energiewende?

Nüchtern betrachtet hat die Energiewende fünf Säulen, die ineinander greifen:

1. Säule: Netzausbau
Seit dem Stromeinspeisegesetz und seinem Nachfolger, dem Erneuerbare Energien Gesetz, wurden zwischen 1991 und Ende 2014 in Deutschland insgesamt jeweils über 38 000 MW Windkraft und Photovoltaik, also Solaranlagen zur Stromerzeugung, installiert. Dies bereits kann als »kleine Energiewende« bezeichnet werden, die völlig unabhängig von den Ereignissen in Fukushima seit Jahren in Deutschland läuft. Die heute in Deutschland installierte Kapazität nur von Wind übersteigt die gesamte Kraftwerksleistung Österreichs bereits bei Weitem.

Die Herausforderung durch den massiven Zubau der erneuerbaren Energien ist, dass viele Windkraftanlagen im Norden der Republik stehen, wo der Wind mehr bläst als in der Mitte oder im Süden, es dort aber nur eine begrenzte Anzahl an Industriekunden gibt, die den weitaus größten Stromverbrauch haben. Ergo muss der Strom zu den Kunden in den Westen und Süden Deutschlands über die Höchstspannungsnetze transportiert werden. Hierfür ist das Höchstspannungsnetz aber bisher nicht ausgelegt.

In Süddeutschland wurden dagegen bereits unzählige Photovoltaikanlagen zugebaut, die den produzierten Strom oftmals in das Niederspannungsnetz einspeisen, welches für diese Mengen ebenfalls nicht ausgelegt ist. In Folge muss das gesamte Stromnetz (Stromautobahnen und »kleine« Verteilnetze) massiv ausgebaut und zugleich intelligenter, also »steuerbarer« werden. Zum Vergleich: Verdoppelt man in Norddeutschland die Zahl der Autos und wollen die Fahrer an einem Tag von Hamburg nach München fahren, sind neue Autobahnen (also Höchstspannungsnetze) erforderlich, um Staus zu vermeiden. Verdoppelt man die Zahl der Autos in München und wollen alle Fahrer an einem Tag ins Umland über Landstraßen (oder die Verteilnetze) fahren, braucht man neue Landstraßen und ein intelligentes Verkehrsführungssystem mit Kreiseln, Ampeln und Ausweichstrecken, um den Kollaps zu vermeiden.

Derzeit sprechen viele Akteure auf der von der Bundesregierung initiierten »Plattform Zukunftsfähige Energienetze« über das deutsche Netz der Zukunft. Aufgrund der Anzahl der Beteiligten – rund 1 000 Netzbetreiber, Bundes- und Landesministerien, Genehmigungsbehörden, Investoren, Verbänden und vielen anderen – ist davon auszugehen, dass die Umsetzung der Ergebnisse einige Zeit in Anspruch nehmen wird. Zwischenzeitlich wurden so genannte Netzausbaupläne verabschiedet, aus denen Bedarf und Verlauf der benötigten Hochspannungstrassen hervorgeht.

Allerdings regt sich massiver Widerstand vor Ort: Kaum jemand will neue Höchstspannungsmasten »in seinem Vorgarten« haben. Besonders in Bayern sind die geplanten Hochspannungs-Gleichstrom-Übertragungsleitungen (»HGÜ-Leitungen«) umstritten. Zwei dieser von den Gegnern als »Monstertrassen« bezeichneten Stromautobahnen sollen durch den Freistaat führen. Die bayerische Staatsregierung hat daraufhin Zweifel an der Notwendigkeit des Leitungsausbaus und an der Trassenführung angemeldet – wobei unklar bleibt, wie ohne Netzausbau der Dreiklang der Energiewende aus Ausbau der Erneuerbaren, Aufrechterhaltung der Versorgungssicherheit und Beibehaltung bezahlbarer Strompreise zu halten sein soll. Beim großen Energiekompromiss von Anfang Juli 2015 wurde deshalb beschlossen, die Leitungen zwar zu bauen, aber meist als Erdkabel und auf veränderten Strecken.

2. Säule: Kraftwerksausbau

Die Bundesregierung hat sich bereits im Jahr 2010 zum Ziel gesetzt, bis zum Jahr 2050 mindestens 80 Prozent der Stromerzeugung in Deutschland auf erneuerbare Energien umzustellen und auch hierdurch 80 bis 95 Prozent Treibausgasemissionen im Vergleich zum Jahr 1990 einzusparen. Im ursprünglichen Energiekonzept sollte die Kernenergie, die im Betrieb keine schädlichen Klimagase verursacht, die Brückentechnologie in eine CO_2-arme Stromversorgung darstellen. Nach Fukushima änderte sich das diametral und das Thema wurde nochmals beschleunigt. Die Bundesregierung beschloss im Juni 2011 den so genannten »Atomausstieg«, in dessen Rahmen sieben der älteren Kernkraftwerke sowie die Anlage in Krümmel sofort abgeschaltet wurden. Die anderen Kernenergieanlagen werden schrittweise bis spätestens 2022 abgeschaltet. Zuletzt wurde im Juni 2015 das Kernkraftwerk Grafenrheinfeld bei Schweinfurt abgeschaltet.

Das Abschalten der Kernkraftwerke bedeutet nach Einschätzung einer Mehrzahl von Experten, dass konventionelle und fossile Kraftwerke für die Energieversorgung noch lange unverzichtbar bleiben, da sie – anders als die Erneuerbaren Energien – Strom gesichert in dem Moment bereitstellen können, in dem er benötigt wird: Man kann planen, wann und wie lange beispielsweise ein Gaskraftwerk betrieben werden kann, in dem man es an- oder ausschaltet – bei Wind oder Sonne geht das nicht. Das Beispiel zeigt auch, dass es immer wichtiger wird, die durch die Einspeisung der erneuerbaren Energien entstehenden Schwankungen – der Experte sagt hierzu »stochastische Einspeisungen« – durch konventionelle Anlagen auszugleichen: Weht der Wind plötzlich nicht mehr, muss ein konventionelles Kraftwerk sekundenschnell anspringen bzw. seine Leistung hochfahren, um den Bedarf zu decken.

Um sicherzustellen, dass die erforderlichen Kraftwerke auch gebaut werden, hatte das Bundeswirtschaftsministerium im Sommer 2011 das so genannte »Kraftwerksforum« gegründet, in dessen Rahmen Stromerzeuger- und Umweltverbände sowie die Länder und die zuständigen Stellen des Bundes regelmäßig zusammenkommen, um den erforderlichen Kraftwerkszubau zu besprechen. Drei Jahre später zeigt sich, dass sich nichts verändert hat. Niemand investiert angesichts der niedrigen Preise und der unsicheren Rahmenbedingungen in neue konventionelle Anlagen. Ähnlich wie bei der Großbaustelle »Netzausbau« befindet sich Deutschland also auch beim Kraftwerkszubau noch in der »Findungsphase«.

An Neubauten denkt aufgrund der niedrigen Preise derzeit niemand – um Knappheit zu vermeiden, untersagt die Bundesnetzagentur sogar Betreibern von sogenannten »systemrelevanten« Kraftwerken, unrentable Anlagen abzuschalten. Ob die Umsetzung der Anfang Juli 2015 beschlossenen Maßnahmen zum »Strommarkt 2.0« hier Änderung verspricht, bleibt abzuwarten.

3. Säule: Ausbau erneuerbarer Energien

Wenn Deutschland bis zum Jahr 2050 seine Stromversorgung zu 80 % aus Erneuerbaren Energien decken will, bedarf es eines massiven Zubaus erneuerbarer Anlagen. Im Jahr 2014 betrug der Anteil der Erneuerbaren an der Stromerzeugung etwa 26 %. Es ist also viel passiert, aber es gibt auch noch viel zu tun. Die größte Herausforderung beim Zubau ist vor allem die Integration der Erneuerbaren in den Energiemarkt und das Energiesystem, damit Konventionelle und Erneuerbare nicht ungeplant nebeneinander her, sondern abgestimmt miteinander produzieren. Das bedeutet, dass auch die Erneuerbaren zukünftig bedarfsgerechten Strom erzeugen müssen. Beim Ausbau der Erneuerbaren muss ebenfalls darauf geachtet werden, dass die Kosten nicht explodieren und dass Über- sowie Unterförderung vermieden wird. Die zentrale Frage wird dabei sein, welche erneuerbaren Energieträger am kosteneffizientesten Strom erzeugen können, der dann auch in das System auch integriert werden kann. Aufgrund der bestehenden Förderungen investieren derzeit fast alle Beteiligten in erneuerbare Energien, so dass es möglich erscheint, dass die Ziele auch erreicht werden. Dieser »Hype« kann jedoch zum Erliegen kommen, wenn die Investoren durch sich ständig ändernde Gesetze verunsichert werden oder aber, dass sich Deutschland – wie beispielsweise Spanien – aufgrund der konjunkturellen Situation erneuerbare Energien einfach nicht mehr leisten kann oder leisten will.

4. Säule: Steigerung der Energieeffizienz

Ein Sprichwort besagt, dass die beste Kilowattstunde die ist, welche nicht verbraucht, also eingespart wird. Energieeffizienz ist unbestritten einer der wesentlichen Schlüssel für die Energiewende. Deutschland spricht gerne von den Energieeinsparungen seit 1990, wohlwissend, dass hier der Umbau der Industrie in Ostdeutschland bzw. deren flächendeckende Schließung die Bilanz maßgeblich verbessert hat. Das Thema »Energieeffizienz« ist ebenso wie der Netz- und Kraftwerksausbau eine Dauerbaustelle, die bisher nicht im Fokus der Betrachtungen der Bundesregierung stand.

Druck zur Beschleunigung von Energieeffizienz kommt aus Brüssel und diesmal nicht in Form eines Glühbirnenverbots, sondern in Form der Energieeffizienzrichtlinie, die im

Oktober 2012 erlassen wurde und von den Mitgliedsstaaten nun umgesetzt werden muss. Die Richtlinie sieht rechtsverbindliche Maßnahmen auf der gesamten Wertschöpfungskette vor, damit insgesamt mit Energie sparsamer umgegangen wird – die Mitgliedsstaaten müssen hier Energieeffizienzverpflichtungssysteme einführen oder vergleichbare politische Maßnahmen ergreifen. In Deutschland wird die Richtlinie u. a. durch den Nationalen Aktionsplan Energieeffizienz (NAPE) flankiert.

5. Säule: Energieforschung

Der Ausbau der erneuerbaren Energien und deren Einbindung in das Stromversorgungssystem benötigen neue Technologien und Lösungen, die es derzeit noch nicht gibt bzw. deren Anwendung sich noch nicht in »Großserie« bewährt hat. Es gibt z. B. keine Erfahrungswerte, ob ein Offshore-Windkraftwerk 25 Jahre den Witterungsbedingungen und enormen Belastungen standhält und es gibt – Pumpspeicherkraftwerke ausgenommen – bisher keine großtechnisch einsetzbaren und effizienten Speichertechnologien. Die Bundesregierung hat daher die Energieforschung um mehr als 75 % ausgeweitet und stellte von 2011 bis 2014 insgesamt 3,5 Mrd. € zur Verfügung. Daneben wird auch verstärkt auf eine internationale Zusammenarbeit gesetzt, die auf vielen Ebenen auch dringend notwendig ist, da Deutschland beispielsweise bei der Batterietechnik weltweit seit langem schon nicht (mehr) führend ist.

»Vertrauen ist gut, Kontrolle ist besser«

Die Entscheidungen zur Energiewende kamen plötzlich und schnell, viele Unternehmen wurden über Nacht kalt erwischt. Geschäftsmodelle und Aktienkurse sind zusammengebrochen, sowohl bei den etablierten Versorgern als auch bei den

Herstellern erneuerbarer Energien. Stadtwerke, die in konventionelle Erzeugung oder Kraft-Wärme-Kopplung (KWK) investiert haben, stehen vor riesigen Abschreibungen. Es besteht Unsicherheit über die Strompreisentwicklung und die Versorgungssicherheit. Bei den Akteuren macht sich Angst breit, dass das Großprojekt Energiewende irgendwo im Nirwana stecken bleiben könnte. Angst ist in der Regel ein schlechter Ratgeber und ein noch schlechterer Investor.

Die Bundesregierung hat daher den Monitoring-Prozess »Energie der Zukunft« initiiert, mit dem die Fortschritte der fünf Energiewendesäulen überprüft werden sollen, um bei Fehlentwicklungen gegensteuern zu können. Die Ministerien sollen jährlich über den aktuellen Stand berichten und alle drei Jahre einen Fortschrittsbericht erstellen. Die Zuständigkeiten für den Fortschrittsbericht waren zunächst geteilt: Während das Bundeswirtschaftsministerium Netzausbau, Kraftwerkszubau, Ersatzinvestitionen und Energieeffizienz »monitort«, überwachte das Bundesumweltministerium den Ausbau der erneuerbaren Energien. Durch die zwischenzeitliche Zusammenlegung der Energiekompetenz im Wirtschaftsministerium ist zu erwarten, dass Abstimmungsschwierigkeiten beim Monitoring entfallen. Der Monitoring-Prozess wird volkswirtschaftlich und technisch durch wissenschaftliche Institute und Experten begleitet, die anhand verschiedenster Parameter zurückblickend den Fortschritt messen – die Berichte starteten Anfang 2013.

Die Industrie ist weiterhin nervös und hat über den Bundesverband der deutschen Industrie einen parallelen Monitoring Prozess gestartet (www.energiewende-richtig.de), um mögliche negative Auswirkungen für die Industrie frühzeitig zu adressieren.

4 60 Minuten Energiewende

4.1 Zehn Minuten Erneuerbare Energien

Leitgrößen des neuen Energiesystems

Raus aus der Nische! Rein in die Verantwortung?

Sonne und Wind – auf den beiden Säulen soll die Nach-Wende-Energiewelt ruhen, auch wenn diese Säulen nicht stabil (produzieren), sondern sehr unstet sind. Biomasse und Wasserkraft sind im Gegensatz dazu zwar steuer- und planbar, so dass sie von großer Bedeutung bleiben werden. Doch ist ihr Ausbaupotential aufgrund natürlicher Gegebenheiten und regulatorischer Vorgaben begrenzt. Die fünfte erneuerbare Erzeugungsart, die Erdwärme oder Geothermie, wird für die Stromerzeugung die Rolle eines unauffälligen Beiwerks behalten. Konventionelle Kraftwerke und Speicher sollen nur noch als »Back-up« dienen, wenn der Wind nicht weht oder die Sonne nicht scheint. Windkraft und Photovoltaik sollen aber kräftig wachsen.

> »Der Klimaschutz ist kein Badeschlappenthema.«
> Karl Theodor zu Guttenberg, ehem. dt. Politiker, Interview Cicero 2009

Grundlage für die geplante Erfolgsstory des volatilen Duos ist das Erneuerbaren Energien Gesetz (EEG), das im Jahr 2000 das Stromeinspeisegesetz von 1991 abgelöst hat. Damals, Anfang der 90er-Jahre, hatte sich die wohl erste informelle schwarz-grüne Koalition im Bundestag gebildet. Der CSU-Abgeordnete Matthias Engelsberger und der Grüne Wolfgang Daniels starteten die Initiative zum »Stromeinspeisegesetz«. Die rot-grüne Koalition entwickelte dieses Modell dann im Jahr 2000 zum EEG weiter. Die wichtigsten Prinzipien sind dabei bis heute im Kern unverändert:

- Die Anschlusspflicht, d. h. die Netzbetreiber sind verpflichtet, Erneuerbare Energien-Anlagen an ihr Netz anzuschließen und dieses entsprechend auszubauen,
- der Einspeisevorrang, d. h. die Netzbetreiber sind verpflichtet, Strom aus erneuerbaren Quellen vorrangig vor dem aus anderen Erzeugungsarten abzunehmen,
- die Festvergütung, d. h. die Anlagenbetreiber erhalten je nach Technologie und Zeitpunkt der Inbetriebnahme einen fixen Betrag pro kWh für einen Zeitraum von in der Regel 20 Jahren und
- die Umlagefähigkeit, d. h. die »Letztverbraucher«, also die Kunden, bezahlen die Differenz zwischen der Festvergütung und dem Marktwert des erneuerbaren Stroms über die EEG-Umlage.

Im Blick auf den zahlenmäßigen Ausbau der erneuerbaren Energien ist das EEG tatsächlich sehr erfolgreich. 1990 trugen Erneuerbare nur zu 3,6 Prozent zur Bruttostromerzeugung in Deutschland bei und das ausschließlich durch die Wasserkraft. Im Jahr des Inkrafttretens des EEG lag die Quote bei 6,6 Prozent, was vor allem auf eine Erhöhung der Wasserkraftproduktion und den ersten Ausbau der Windenergie zurückzuführen war. Heute sind es bereits 26 Prozent. Damit

Abbildung Anteil Erneuerbarer Energien an der Bruttostromerzeugung in Deutschland

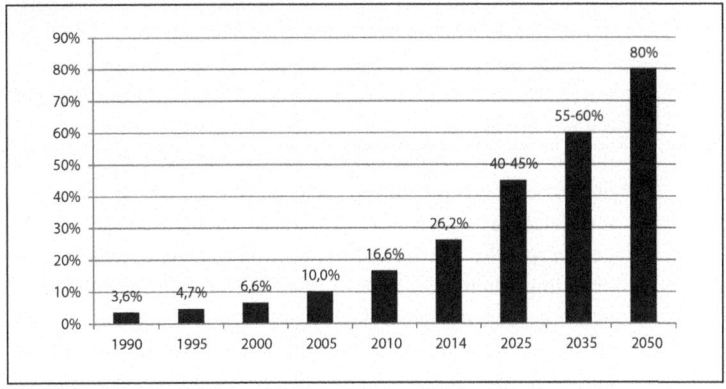

Quelle: AG Energiebilanzen e.V.; eigene Berechnung und Darstellung.

sind sie erstmals die Nr. 1 unter den Energieträgern im Strombereich und haben die Braunkohle überholt.

Die Erneuerbaren entwickelten sich also längst von einer Nischentechnologie zu einem Hauptträger der Stromerzeu-

Erneuerbaren-Ziele Deutschland/EU im Stromsektor					
	2020	2025	2030	2035	2050
Deutschland		40–45 %		55–60 %	mind. 80 %
EU	20 %		27 %*		
* Ziel ist zwar verbindlich, wird aber nicht auf Mitgliedsstaaten umgelegt.					

gung in Deutschland. Sie sind erwachsen geworden – und an Erwachsene kann und muss man andere Anforderungen stellen als an Kinder. Sie müssen mehr Verantwortung übernehmen. In den zahlreichen EEG-Novellen entwickelten die jeweils amtierenden Bundesregierungen das Förderregime entsprechend behutsam weiter, wobei es in der Natur der Sache liegt, dass es den einen nicht schnell genug gehen kann und den anderen jeder Schritt aus der behüteten und umsorgten Wohlfühlecke als Grausamkeit erscheint.

Wichtige Schritte in Richtung mehr Systemverantwortung waren Maßnahmen zur besseren Systemintegration, wie z. B. die verpflichtende Fernsteuerbarkeit und das Festsetzen technischer Anforderungen zur Unterstützung der Systemstabilität. Die Marktintegration sollte durch die zuerst optionale und jetzt nach dem EEG des Jahres 2014 für größere Anlagen verpflichtende Direktvermarktung erreicht werden. Im ursprünglichen EEG-System mussten die Übertragungsnetzbetreiber den stochastisch eingespeisten erneuerbaren Strom zu einem Band veredeln und physikalisch an die Verteilnetzbetreiber wälzen. 2009 wurde die sehr komplizierte physikalische Wälzung durch das heutige Umlagesystem ersetzt. Die Übertragungsnetzbetreiber vermarkteten zentral die Erneuerbaren-Mengen an der Strombörse. Nun wurden nur mehr die Kosten über die EEG-Umlage auf die Letztverbraucher gewälzt. Für den Ausgleich zwischen der prognostizierten Erzeugung und der immer abweichenden Einspeisung sorgten nur die Netzbetreiber – die Anlagenbetreiber hatten keine Verantwortung dafür.

Das änderte sich mit der Direktvermarktung: Jetzt müssen die EEG-Anlagenbetreiber – wie jeder Produzent einer Ware – Kunden für ihre Produktion suchen und für den Ausgleich ihrer schwankenden Erzeugung selbst sorgen. In der Realität macht das nicht jeder Betreiber eines Windrades selbst, sondern sog. »Direktvermarkter« bündeln zahlreiche Anlagen und binden sie in ihr Portfolio ein. Die Anlagenbetreiber in der Direktvermarktung erhalten nun auch keine Festvergütung mehr wie im Ur-EEG. Vielmehr bekommen sie zu den Vermarktungserlösen eine Marktprämie, die die Lücke zwischen dem Marktwert des erzeugten Stroms und dem im Gesetz festgelegten Vergütungssatz ausgleicht.

Vielen gehen diese Reformen aber noch nicht weit genug. Vor allem wird von einigen Energieexperten kritisch gesehen, dass die Erneuerbaren auch dann einspeisen und Geld verdienen, wenn die Preise an der Strombörse negativ sind, also eigentlich viel zu viel Strom produziert wird. Hier werden auch in Zukunft viele Debatten geführt werden, mit welchen Fördermodellen das zu vermeiden ist. Diskutiert wird über Kapazitätsprämien, den Wegfall der Förderung bei negativen Preisen (den es bei mehr als 6 Stunden negativer Preise heute schon gibt) oder die Einführung einer mengenkontingentierten Förderung.

Zubau ja, aber auch um jeden Preis?
So erfolgreich der Zubau der Erneuerbaren war – so teuer ist er auch. Die EEG-Umlage stieg von 2,05 ct/kWh im Jahr 2010 auf 6,17 ct/kWh in 2015. Die EEG-Erlöse der Anlagenbetreiber stiegen auf über 27 Milliarden Euro in 2014. Bereits sind die Deutschen EEG-Verpflichtungen von mehreren hundert Milliarden Euro eingegangen, die in den nächsten Jahren zu bezahlen sind. Und es wird weitergehen. Mit jeder neuen EEG-Anlage, die ans Netz geht, steigen die notwendigen Ausgaben. Grund sind die »Differenzkosten«: Der Marktwert des Stroms, der in den Anlagen erzeugt wird, ist deutlich niedriger als die Vergütung bzw. die Prämie, die die Anlagenbetreiber kassieren.

Gezahlt werden diese Differenzkosten von den »nicht-privilegierten Letztverbrauchern«, also den normalen Haushaltskunden sowie den Gewerbe- und Industriekunden, die nicht von der »besonderen Ausgleichsregel« profitieren. Zur Sicherung der internationalen Wettbewerbsfähigkeit wird nämlich die EEG-Umlage für die energieintensive Industrie drastisch reduziert, so dass sie nahezu von der Zahlung befreit ist. 2014 fielen rd. 2 800 Unternehmen unter diese Regelung. Auf Druck der EU-Kommission wurde die Regelung im EEG 2014

Abbildung EEG-Erlöse der Anlagenbetreiber in Milliarden Euro

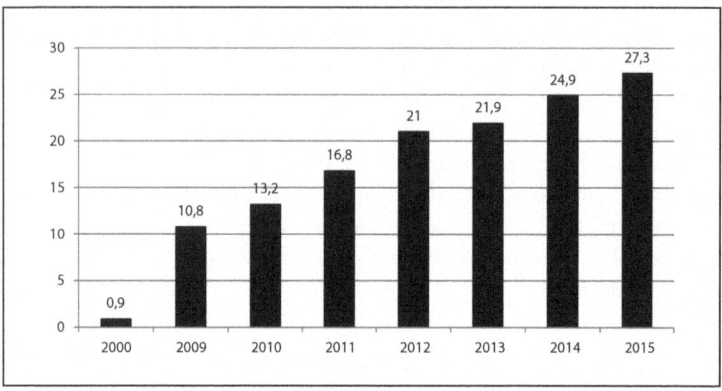

Quelle: BMWi; 2014 und 2015 Prognosewerte

reformiert. Allerdings im Wesentlichen verkompliziert, denn die Anzahl der Unternehmen, die 2015 befreit sind blieb in etwa auf demselben Niveau wie 2014.

Klar ist: Nur durch diese Ermäßigung kann es gelingen, den Industriestandort Deutschland in der Energiewende zu erhalten. Der hohe Wertschöpfungsanteil der Industrie ist der Garant dafür, dass Deutschland bisher nicht nur unbeschadet durch die europäische Wirtschafts- und Finanzkrise gekommen ist, sondern sogar noch gestärkt wurde. Ohne wettbewerbsfähige Strompreise für die Industrie, wäre das undenkbar. Andererseits bedeutet das Industrieprivileg auch eine Umverteilung: Denn für die restlichen Kunden stieg damit der Umlagebetrag um etwa 5 Mrd. Euro pro Jahr.

Das EEG hat noch weitere Umverteilungswirkungen: zum einen sozial, d. h. von unten nach oben, zum anderen regional. Hauptinvestoren in Erneuerbare Energien in Deutschland sind Privatpersonen, denen ungefähr ein Drittel der installierten Leistung gehört. Danach folgen Gewerbe, Projektierer (je etwa 14 %) sowie Fonds (13 %) und Landwirte (11 %). Die Privatpersonen, die hierfür viel Geld ausgeben können und dafür von den weitegehend sicheren Renditen profitieren, zählen sicher zu den eher wohlhabenderen Teilen der Gesellschaft. Für eine Photovoltaik-Anlage braucht man z. B. schon ein eigenes Dach, also ein Haus, und zusätzlich noch Kapital, um sich die Anlage leisten zu können. Gezahlt wird die EEG-Umlage aber von allen Stromkunden, also auch von den Geringverdienern in den Hochhaussiedlungen der Großstädte, die keine Chancen haben, an den Erneuerbaren zu verdienen. Verstärkt wird diese Wirkung noch durch den Eigenverbrauch: Denn jeder, der eine PV-Anlage auf dem Dach hat, und den selbst erzeugten Strom selber verbraucht, zahlt dafür keine Umlagen und Abgaben, obwohl er für den Teil des Stroms, den er ins Netz einspeist, die volle EEG-Vergütung bekommt. Der Letztverbrauch, auf den die Kosten umgelegt werden, sinkt dadurch, so dass alle anderen mehr bezahlen müssen. Entsolidarisierung ist hier das Stichwort in der Debatte.

Die Verteilungswirkung ist aber auch regional. Wie im Länderfinanzausgleich gibt es Zahler- und Empfängerländer, wobei das Ranking eher umgekehrt ist. Der Saldo aus EEG-Zahlungen und EEG-Einnahmen war für Bayern mit seinen teuren Solar- und Biogasanlagen mit einem jährlich Plus von etwa 1 Milliarde Euro immer sehr positiv. Allerdings hat sich der Wind gedreht – wortwörtlich: Da in den letzten Jahren vielmehr Windanlagen zugebaut wurden als Solaranlagen, ist Bayern seit 2014 auch ein EEG-Nettozahlerland. Gewinner sind die »Windländer« Brandenburg, Mecklenburg-Vorpommern, Niedersachsen, Sachsen-Anhalt, Schleswig-Holstein – sowie die deutsche ausschließliche Wirtschaftszone in der Nord- und Ostsee, in der all die Offshore-Windparks stehen. Für die Verbraucher in Nordrhein-Westfalen hingegen ist das EEG eine Belastung im Saldo von über 3 Milliarden Euro jährlich immer noch am teuersten.

Neben all diesen Kostenwirkungen dürfen allerdings die Einsparungen durch die Erneuerbaren nicht vergessen werden.

> **EU-Beihilferichtlinie und das EEG**
> Staatliche Beihilfen sind in der EU nur in begrenztem Ausmaß und für bestimmte Zwecke erlaubt. Umweltbeihilfen müssen dabei etliche Kriterien erfüllen, um bei der EU-Kommission notifiziert werden zu können. Die neue Richtlinie sieht dabei Ausschreibungen als generelles Förderregime vor.
> Die Bundesregierung ist zwar der Ansicht, dass das EEG keine Beihilfe ist, hat aber das EEG 2014 bei der EU-Kommission genehmigen lassen. Auch das geplante EEG 2016 muss die Kommission genehmigen.

Unstrittig ist, dass die Erneuerbaren den Import von fossilen Energieträgern vermindert. Für 2013 sollen dadurch 9,1 Milliarden Euro weniger notwendig gewesen sein. Darüber hinaus senken die Erneuerbaren durch den »Merit-Order-Effekt« den Strompreis an der Börse (siehe dazu Kapitel 10 Minuten Markt und Preise). Laut Energiewende-Monitoring der Bundesregierung wäre der Preis an der Börse ohne Erneuerbare etwa 0,62 ct/kWh höher, was etwa 3,5 bis 4 Milliarden Euro ausmachen würde. Nur leider kommt davon beim normalen Verbraucher nichts an. Denn Börsenpreise und EEG-Umlage sind kommunizierende Röhren: Sinken die Börsenpreise, sinkt der Wert des erneuerbaren Stroms und es steigen die Differenzkosten, die dann über die EEG-Umlage finanziert werden müssen.

Hauptursache für die Kostenexplosion war der enorme Boom der PV-Anlagen in den Jahren 2010 bis 2012. In den drei Jahren wurden je etwa 7 500 MW Solaranlagen zugebaut, was etwa der Leistung von je sieben sehr großen Kohlekraftwerken entspricht. Die Kapazität sprang von 10 600 MW im Jahr 2009 auf 33 000 MW im Jahr 2012 (2014: 38 000 MW). Dabei bekommen die damals installierten Anlagen noch sehr hohe Vergütungssätze. Die Anlagenbetreiber haben Anspruch auf etwa 30 ct/kWh und damit fast auf das 10-Fache von dem, was der (zeitlich geplante) Strom heute an der Börse wert ist.

Seither sind die Kosten für die Erneuerbaren deutlich gesunken. Betrugen die Vergütungssätze der Erneuerbaren-Anlagen die im EEG vor 2014 in Betrieb gingen im Durchschnitt 17 ct/kWh, sind es heute etwa 12 ct/kWh. Dennoch möchte die Politik eine bessere Zubausteuerung und eine höhere Kosteneffizienz bei der Förderung erreichen. Von daher traf es sich ganz gut, dass die EU-Kommission im Beihilfeverfahren gegen das EEG auf die Umstellung der Förderung hin zu Ausschreibungen pochte. Wurden die Vergütungssätze bisher durch die Politik im Gesetz genau festgelegt, soll die Förderhöhe ab 2017 wettbewerblich ermittelt werden. Das heißt: Eine zentrale Stelle, also z. B. die Bundesnetzagentur, schreibt jährlich (in mehreren Runden) eine bestimmte Kapazität einer Erneuerbaren-Technologie aus. Die Marktteilnehmer bieten die Vergütungshöhe, die sie für die Realisierung eines Projekts benötigen. Der Auktionator bringt die Gebote in eine aufsteigende Reihenfolge, bis die gewünschte Menge erreicht ist.

Zubaukorridore im EEG 2014
- Wind an Land: 2 500 MW netto* p. a.
- Photovoltaik: 2 500 MW brutto p. a.
- Biomasse: 100 MW p. a.
- Wind auf See: 2020: 6 500 MW;
                   2030: 15 000 MW

* Bruttozubau minus Rückbau.

Vor allem Vertreter von »Bürgerenergie«-Projekten sehen diese Umstellung allerdings auch kritisch. Sie haben Sorge, dass die höheren Anforderungen in Ausschreibungen gegenüber dem heutigen System nur von großen Unternehmen erfüllt werden könnten. Die »Akteursvielfalt« im Bereich der Erneuerbaren drohe daher verloren zu gehen. Andererseits haben kleine Akteure auch Vorteile gegenüber großen börsennotierten Konzernen. Die Verzinsungsansprüche für eine Investition sind bei echten Bürgerenergie-Projekten geringer als bei international agierenden Playern, so dass sich erstere mit geringeren Fördersätzen zufrieden geben können.

Das Problem mit der Stochastik und die Flexibilität
Eigentlich sind also Erneuerbare eine tolle Sache: Sie produzieren CO_2-freien Strom und schonen die natürlichen Ressourcen. Wind und Sonne stoßen keine schädlichen Abgase aus und verringern die Importabhängigkeit von Rohstoffen. Nur leider erzeugen sie nur dann Strom, wenn der Wind weht und die Sonne scheint und nicht immer dann, wenn der Strom tatsächlich gebraucht wird. Da leider aber Strom nicht zu vertretbaren Kosten und auch nicht in großen Mengen gespeichert werden kann, müssen Erzeugung und Verbrauch immer im Einklang sein. In der alten Energiewelt war das kein Problem: Zwar war die Nachfrage unflexibel und vorgegeben, doch waren die Kraftwerke zuverlässig da und konnten gesteuert werden. Ein vor allem durch Wind- und Sonnenenergie geprägtes Stromsystem steht dagegen vor enormen Herausforderungen. Bei zu viel oder zu wenig Strom im Netz, droht der Blackout.

Erstens muss zu jedem Zeitpunkt ausreichend Leistung zur Verfügung stehen, um die Nachfragelast zu decken. Hier helfen Wind und Sonne aber gar nicht weiter. Das verdeutlichen die realen Einspeisezahlen: Zum Zeitpunkt der höchsten Einspeisung durch Wind und Sonne waren in den vergangenen Jahren etwa 50 Prozent der installierten Leistung verfügbar, zum Zeitpunkt der niedrigsten Einspeisung sind es unter einem Prozent. Die Erneuerbaren brauchen also eine »Backup-Lösung«, die heute nur durch konventionelle Kraftwerke geleistet werden kann.

Zweitens werden die Lastgradienten immer steiler, wie die Abbildung ja sehr schön zeigt. Da in Deutschland die Sonne relativ gleichzeitig scheint bzw. der Wind relativ gleichzeitig weht, vergrößern sich Spannen zwischen geringer und hoher Einspeisung der dargebotsabhängigen Erzeugung mit zunehmender installierter Kapazität. Zieht etwa ein Tiefdruckgebiet durch Deutschland, steigt die Windproduktion schnell an und fällt dann wieder in sich zusammen, wenn der Wind

Abbildung   Last und Erneuerbaren-Erzeugung im Juni 2013 in Deutschland

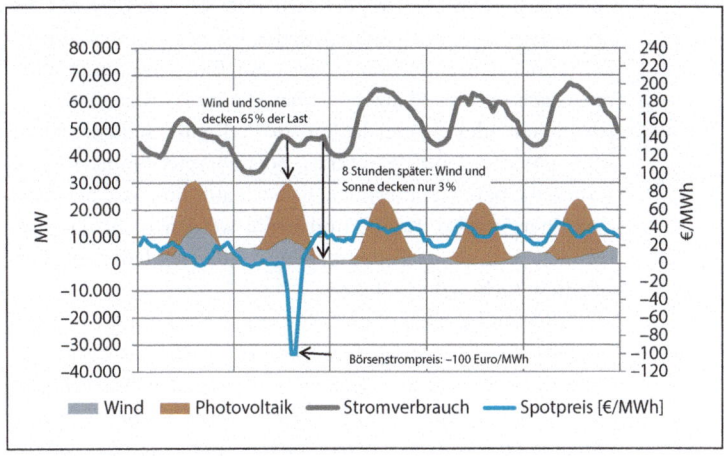

Quelle: vbew

nachgelassen hat. Diese Schwankungen passieren aber völlig unabhängig von der tatsächlichen Stromnachfrage. Das bedeutet, dass konventionelle Kraftwerke die Lücke zwischen erneuerbaren Einspeisung und Bedarf decken und ihre Leistung daher immer schneller und öfter hochfahren oder drosseln müssen. Künftig wird noch mehr von dieser Flexibilität gefragt sein, obwohl es weniger konventionelle Kraftwerke geben wird, die diesen Ausgleich schaffen können. Deshalb soll der Verbrauch gesteuert und der Produktion der wetterabhängigen Energieträger angepasst werden. Große Hoffnungen liegen auch auf der Erschließung neuer Speichermöglichkeiten.

Erneuerbare Technologien: Was und Wie?

Es hat sich eingebürgert, dass wir nur die Energieträger als erneuerbar einstufen, die entweder innerhalb eines kurzen Zeitraums neu entstehen – wie etwa Biomasse aus schnell nachwachsenden Pflanzen – oder die quasi *von Natur aus* permanent oder die meiste Zeit zur Verfügung stehen. Hierzu zählen Wasser- und Windkraft, Solarenergie, Biomasse und Erdwärme bzw. Geothermie. Die auch auf Biomasse beruhenden Energieträger Kohle, und Erdöl werden nicht dazu gerechnet, weil sie in Zeiteinheiten, in denen Menschen wirtschaften, nicht neu entstehen.

Dabei sind Erneuerbare keine »neue Erfindung«. Die Geschichte der Energie beginnt erneuerbar. Die erste menschliche Energienutzung bestand im Verfeuern von gesammeltem Holz und auch heute steht die traditionelle Biomasse global noch für gut zwei Drittel der verbrauchten Erneuerbaren Energie. Selbst der erste gewerbliche Verbrauch von Energie schöpfte seine Kraft aus erneuerbaren Quellen: Bereits in der griechischen und römischen Antike und im Orient drehten sich die Mühlräder an Bächen und Flüssen. Während zu dieser Zeit freilich noch keine Stromgewinnung stattfand, war das Vorhandensein von fließendem Wasser gleichwohl ein wichtiger Standortfaktor. Denn bald nutzten auch Sägewerke, Schleifmühlen und anderes Kleingewerbe die mechanische Energie des Wasserrades.

Den Wind nutzten die Menschen auch schon früh mit Segelschiffen und in Windmühlen. Dabei erkannten sie: Wasserkraft war – abgesehen von Phasen extremer Trockenheit – relativ stetig verfügbar, Wind dagegen nicht. Wassermühlen verfügten somit im Vergleich zu Windmühlen über einen klaren Vorteil. Dabei ist die sichere und kalkulierbare Versorgung mit Energie für den Erfolg von Unternehmen seit jeher von entscheidender Bedeutung und wurde im Laufe der Geschichte auch für den privaten Wohlstand immer wichtiger. Bei der Bewertung der verschiedenen Arten erneuerbarer

Energien, lohnt sich deshalb vor allem ein Blick darauf, wie gut und wie verlässlich sie sich zur Stromerzeugung eignen.

Wasserkraft: Die alte Dame der Erneuerbaren
Schon unsere Urgroßväter haben die Kraft des Wassers zur Stromerzeugung genutzt. Wasserkraftwerke waren die ersten Anlagen, mit denen größere Landstriche elektrifiziert werden konnten. Mit Wasserkraftwerken sind meist neben der Energiegewinnung noch weitere Nutzungen verbunden, vor allem der Hochwasserschutz, landwirtschaftliche Bewässerung und die Trinkwasserversorgung. Wasserkraft ist allerdings nur dann ausbaufähig, wenn es genug Wasser und genügend Gefälle gibt. Daher ist Wasserkraft in Gebieten mit größeren Höhenunterschieden – wie in den Alpen oder den Mittelgebirgen – sehr stark ausgebaut und im Flachland eher weniger. Zum Vergleich: Der Anteil der Wasserkraft an der Stromversorgung in der Schweiz und in Österreich beträgt mehr als 50 %, in Deutschland sind es nur etwas mehr als 3 % und weltweit etwa 16 %.

Das erste Wasserkraftwerk der Welt wurde schon 1895 an den Niagarafällen errichtet und der imposante Hoover Dam, einer der größten Stauseen seiner Zeit, brachte ab 1935 Las Vegas Wasser und Licht. In Deutschland war das 1924 errichtete Speicherkraftwerk Walchensee eine Meisterleistung der Ingenieurskunst. Mit der Einweihung des Wasserkraftwerks Laufenburg an der deutsch-schweizer Grenze im Jahr 1914 ist einer der Grundsteine für die europäische Elektrifizierung gelegt worden. Das Kraftwerk hatte seinerzeit eine unglaubliche Leistung von 40 MW, was der fast vierfachen Motorleistung der im gleichen Jahr versunkenen Titanic entspricht. 120 MW leistete das erste deutsche, 1929 in Betrieb gegangene Pumpspeicherkraftwerk Niederwartha.

Damit sind schon die Grundtypen von Wasserkraftwerken angesprochen. Es gibt an den Flüssen Laufwasserkraftwerke, die den Durchfluss in Energie umwandeln; es gibt Speicherkraftwerke, bei denen in einem Speichersee das Wasser zurückgehalten werden kann, um so die Stromproduktion saisonal auszugleichen; und es gibt Pumpspeicherkraftwerke, mit denen Stromspeicherung möglich wird: Gerade nicht benötigter Strom kann verwendet werden, um über eine elektrische Pumpe Wasser in ein Becken oder einen See hinauf zu pumpen. Dieses Wasser steht dann für den Energiebedarf »auf Knopfdruck« zur Verfügung. Es fließt den Berg wieder hinunter und treibt Turbinen an. Obwohl Pumpspeicher die einzige wirtschaftliche und großtechnisch verfügbare Form der Stromspeicherung ist, ist deren Umfang begrenzt: In Deutschland sind 7 000 MW Pumpspeicher mit einem Speichervolumen von 40 GWh installiert – das reicht nur, um den deutschen Strombedarf für ungefähr 35 Minuten zu decken.

Während Laufwasserkraftwerke kleinere bis mittlere Kraftwerke darstellen sind die Dimensionen von Speicherkraftwerken mitunter gewaltig. Die größten Kraftwerke weltweit werden mit Wasser betrieben. Der chinesische Drei-Schluchten-Damm stieß mit einer Leistung von 18 200 MW in neue Größenordnungen vor. Zum Vergleich: Alle Wasserkraftwerke in Frankreich haben zusammen eine Leistung von 25 000 MW. Riesige Wasserkraftwerke gibt es auch in Südamerika, wie z. B. das Itaipu-Kraftwerk in Brasilien mit 14 000 MW oder das Guri-Kraftwerk in Venezuela mit 10 300 MW.

In Deutschland ist das größte Wasserkraftwerk das erst 2003 errichtete Pumpspeicherwerk Goldisthal im Thüringer Schiefergebirge mit 1 060 MW. Das größte Laufwasserwerk steht bei Iffezheim am Rhein (146 MW). Das berühmte und alt-ehrwürdige Walchenseekraftwerk ist mit seinen 124 MW immer noch das größte Speicherkraftwerk in Deutschland. Insgesamt waren im Land der Energiewende Ende 2013 7 300 Wasserkraftanlagen in Betrieb, wobei 436 davon über 1 MW hatten. Diese »große« Wasserkraft leistet etwa 86 % der Jahresarbeit aus dem Energieträger. Aufgrund des unterschiedlichen Wasseraufkommens erzeugten die Wasserkraftanlagen seit 1990 zwischen 14,9 und 23,1 TWh jährlich, während die

> **Wasserkraft im Meer**
> Im Meer werden drei Arten der Energie genutzt: Tidenhub, Meeresströmungen und Wellen. Das bekannteste Tidenhub-Gezeitenkraftwerk steht in Frankreich bei Saint Malo. Der Tidenhub von etwa 12 Metern wird über eine Staumauer zunutze gemacht, die eine 22 km² große Bucht abtrennt: Drückt die Flut Wasser in die Bucht bzw. läuft das Wasser bei Ebbe wieder ab, werden die Generatoren angetrieben. Daneben gibt es eine Vielzahl neuer Ideen: von Kraftwerken, die über Wellenschlag an der Küste in einer Kammer Luft verdichten und damit einen Motor antreiben, über »Rotoren unter Wasser« in strömungsstarken Gebieten bis hin zu neuartigen »Seeschlangen«, bei denen Wellenschlag einzelne Glieder verwindet und die dadurch entstehende Kraft genutzt wird.

installierte Leistung von rund 4 000 MW auf 5 600 MW zulegte. Im gesamtdeutschen Schnitt macht die Wasserkraft etwa 3,5 % der Stromerzeugung aus – im Süden, vor allem in Bayern, ist der Anteil aber deutlich höher und beträgt dort 14,5 %.

Weitere Ausbaupotentiale für die Wasserkraft sind vorhanden, wenn auch im Verhältnis zu Wind und Sonne begrenzt. Für Deutschland geht das Bundeswirtschaftsministerium davon aus, dass etwa 3 TWh zusätzlich aus dem flüssigen Lebenselixier gewonnen werden können. Nur besteht das Problem, dass der Ausbau unter den gegebenen Marktbedingungen nicht wirtschaftlich ist – vor allem auch, weil zwar die ökologischen Anforderungen immer größer werden, die EEG-Vergütungssätze dies aber nicht abbilden.

Eigentlich ist die Wasserkraft ein idealer Energieträger: erneuerbar, relativ kostengünstig, steuerbar und planbar verfügbar. Zudem ist für die meisten Deutschen die Wasserkraft neben der Sonnenenergie die sympathischste Erzeugungsart. Dennoch stößt der Neubau auf erheblichen Widerstand. Warum? Auch die Wasserkraft hat Nachteile, denn auch sie greift in die Natur ein. Große Wasserkraftprojekte mit riesigen neuen Stauseen, von denen es in Deutschland zwar keine neuen mehr geben wird, die aber weltweit weiter gebaut werden, haben einen großen Flächenverbrauch und führen in wasserarmen Regionen sogar zu internationalen Konflikten. Bei uns sind vor allem die notwendigen Querverbauungen in Diskussion, die in Flüssen die Durchgängigkeit für Fische behindern können. Die Wasserkraftbetreiber arbeiten aber intensiv daran, die Situation zu verbessern: Neuartige Kraftwerkstypen, fischfreundliche Turbinen und Auf- und Abstiegshilfen für Fische verbessern die Ökobilanz der Wasserkraft weiter. Und: Nachdem ein Wasserkraftwerk fertig ist, entsteht dort meist schützenswerte Natur.

Windkraft: Neue Energie
Bereits im 19. Jahrhundert hatte es erste Windmühlen zur Stromerzeugung mit einer Art Dynamo gegeben, so z. B. auf Jütland in Dänemark. Der technische Durchbruch wurde aber erst Anfang der 50er Jahre mit der Übertragung aerodynamischer Prinzipien aus dem Luftfahrtbereich erreicht – seitdem bestehen die Rotoren an jedem Windrad aus verstellbaren »Flugzeugflügeln«. Anfang der 80er Jahre wurde mit der über 100 Meter hohen »Großen Windkraftanlage« GROWIAN in Schleswig-Holstein Neuland betreten – technische Probleme führten dazu, dass die Anlage in fünf Jahren nur gut 400 Stunden lief. Dabei wurde oft gemutmaßt, dass GROWIAN nur errichtet wurde, um zu beweisen, dass die Technik nicht funktioniert. Immerhin: Es wurden wichtige Erfahrungen gesammelt und der erste kommerzielle Windpark Deutschlands wurde auf dem ehemaligen Testgelände errichtet. Die Leistung von seinerzeit unglaublichen 3 MW ist heute allerdings längst Standard und gilt nur noch als mittelgroße Anlage.

Der Aufschwung der Windkraft ist politisch gewollt, Stromeinspeisegesetz und EEG gaben den Schub: War Windkraft 1991 nur eine Marginalie, steigerte sich die installierte Leistung bis zum Jahr 2000 auf etwa 6 000 MW. Ende 2014 waren 38 100 MW Windenergieleistung errichtet – an Land. 2014 war zugleich das Zubaurekordjahr mit einem Plus von fast 1 800 Anlagen und 4 750 MW.

Die Windenergie erobert seit 2009 auch das Meer. Damals ging der erste deutsche Offshore-Windpark Alpha Ventus in Betrieb – Ende 2014 drehten sich in der deutschen Nord- und

> **Referenzertragsmodell**
> Der Windertrag geht mit der 3-fachen Potenz in die Wirtschaftlichkeitsrechnung bei Windkraftanlagen ein. Das heißt, dass eine doppelte Windgeschwindigkeit mit achtfach höherer Energie einhergeht.
> Allerdings ist die »Windhöffigkeit« in Deutschland sehr unterschiedlich. Vor allem in Küstennähe weht die »steife Brise« viel öfter über das platte Land, als im hügeligen, waldigen Binnenland. Damit nicht nur im Norden, sondern auch in der Mitte und im Süden Windkraftanlagen entstehen können, hat man das sogenannte »Referenzertragsmodell« im EEG eingeführt. Je nach Standortgüte verlängert sich die hohe Anfangsvergütung von knapp 9 ct/kWh auf bis zu 20 Jahre. In Deutschland sind die meisten Standorte in einer Kategorie, die zur Höchstförderdauer führt.
> Die Sinnhaftigkeit ist durchaus umstritten: Während die Befürworter argumentieren, dass eine Konzentration von Windenergie im Norden zu einem noch stärkeren Netzausbau führen müsse, betonen die Gegner, dass die volkswirtschaftlichen Kosten dann am geringsten sind, wenn Windenergie dort zugebaut werde, wo der Wind auch weht.
> Politisch führt kaum ein Weg am Referenzertragsmodell vorbei, denn die meisten Landesregierungen im Binnenland wollen auch Windenergie bei sich haben.

Ostsee schon Windräder mit einer Leistung von über 1 000 MW. Aufgrund des Baufortschritts werden es Ende 2015 bereits rund 3 000 MW sein. Die Windenergie vereinigt auf sich den größten Anteil unter den Erneuerbaren. 2014 erzeugten die Erneuerbaren in Deutschland 160 TWh, 54,7 TWh davon steuerte Onshore- und 1,3 TWh Offshore-Wind bei.

An Land geht die Tendenz hin zu immer größeren und auch stärkeren Anlagen. Die durchschnittliche Nabenhöhe lag 2002 bei nur 79 Meter, 2014 bei 116 Meter, der Rotordurchmesser vergrößerte sich von 66 auf 99 Meter und die durchschnittliche Leistung betrug 2014 2,7 MW, 2002 dagegen nur 1,4 MW. Der technische Fortschritt ermöglicht es nun auch in windschwächeren Regionen vorzudringen, wobei gerade im Süden erst auf 140 Meter Nabenhöhe ökonomisch sinnvolle Windgeschwindigkeiten von 6 m/s und mehr auftreten. Schwachwindanlagen mit größeren Flügeln und kleineren Generatoren sollen die Wirtschaftlichkeit verbessern.

Allerdings ist es kein Geheimnis, dass einige Windparks stark zu kämpfen haben. Für viele neu errichtete Mühlen waren die windschwachen Jahre 2013 und 2014 ein zusätzliches Problem. Gerade am Anfang ist die Zinslast hoch. Windige Unternehmer mit zweifelhaften Geschäftsmodellen schadeten dem Ruf der Branche. Darüber hinaus sind auch Branchenriesen wie z. B. Prokon in wirtschaftliche Schwierigkeiten geraten.

Lehrgeld musste auch im Bereich der Offshore-Windenergie bezahlt werden. Zwar ist auf dem Meer der Ertrag viel höher als auf dem Land: Onshore-Anlagen haben im Schnitt

> **10 H-Regelung**
> Ein Ausfluss der zunehmenden Gegnerschaft von Bürgerinitiativen gegen die Windkraft ist die »10-H-Regelung« in Bayern. Auf Initiative des Ministerpräsidenten Horst Seehofer wurde die Privilegierung von Windanlagen im Baurecht insoweit eingeschränkt, als die Länder einen Mindestabstand zur nächsten Wohnbebauung vom 10-fachen der Höhe eines Windrades vorsehen können. Nachdem Bayern die Regelung eingeführt hat, befürchten Windkraftbefürworter, dass dadurch kaum mehr Projekte im Freistaat realisiert werden können. Ob Bayern seine selbstgesteckten Ausbauziele noch erreicht, darf zumindest bezweifelt werden. Vorbildwirkung hat »10-H« bisher kaum: Nur Sachsen diskutiert noch über die Einführung.

kaum 2 000 Volllaststunden, Mühlen auf See dagegen über 4 000. Damit ist die Einspeisung von Offshore-Anlagen gleichmäßiger und besser planbar. Sie liefern fast grundlastfähigen Strom. Und um die hohen erneuerbaren Ausbauziele der Bundesregierung zu erreichen, sind die erzeugten Mengen aus den Windanlagen in Nord- und Ostsee unverzichtbar.

Doch ist die Installation der Räder vor den Küsten um ein Vielfaches komplizierter und finanzaufwändiger. Komplizierter ist das Errichten der Offshore-Parks vor allem, weil sich Deutschland dazu entschieden hat, die Windräder erst hinter dem Horizont zu bauen, weil die Tourismus-Branche wohl

Sorge um ihr Geschäft an der Küste und auf den Inseln hatte. Küstengebiete mit geringer Wassertiefe bis 10 Meter werden als »nearshore« und Anlagen auf See ab 30 Meter Wassertiefe als »farshore« bezeichnet. »Nearshore« entstehen im Ausland große Parks, z. B. in Großbritannien oder Dänemark. Im Frühjahr eröffnete der britische Premier David Cameron »London Array« in der äußeren Themsemündung, der in der ersten Phase 630 MW leistet.

Die Nutzung der Offshore-Windenergie findet in deutschen Gewässern vornehmlich außerhalb der 12-Seemeilen-

> **Infraschall und »Gegenwind«-Bürgerinitiativen**
> Bürgerinitiativen gegen Windräder sprießen vor allem in der Mitte und im Süden der Republik aus dem Boden. Ein Hauptargument gegen die Mühlen ist der von ihnen produzierte Infraschall:
>
> »Jede Rotorbewegung erzeugt Luftturbulenzen, durch die Geräusche im gesamten Frequenzbereich entstehen. Da die Flügel der Windräder sehr groß sind und sich langsam drehen, sind die von ihnen erzeugten Geräuschpegel jedoch deutlich kleiner als bei den sich schnell drehenden Propellern. Vibrationen in den Flügeln und im Turm erzeugen tieffrequente Wellen. Moderne Windenergieanlagentypen, deren Flügel auf der dem Wind zugewandten Seite – also vor dem Turm – angeordnet sind, erzeugen weniger Infraschall als ältere Anlagen, deren Flügel hinter dem Turm vorbeistreichen und regelmäßig in dessen Windschatten geraten. Da die von Windenergieanlagen erzeugten Infraschallpegel in der Umgebung (Immissionen) deutlich unterhalb der Hör- und Wahrnehmungsgrenzen liegen, können nach heutigem Stand der Wissenschaft Windenergieanlagen beim Menschen keine schädlichen Infraschallwirkungen hervorrufen.«
> Quelle: Landesamt für Umwelt, Bayern

Zone in der Ausschließlichen Wirtschaftszone (AWZ) statt. Damit liegt ein Großteil der geplanten und in Bau befindlichen Projekte in den Hochseegewässern der deutschen Nord- und Ostsee – in bis zu 50 Meter Wassertiefe. Jedes Windrad hat gigantische Ausmaße: In der aktuellen Phase verfügen sie über Rotordurchmesser von 100 bis 150 Meter und eine Leistung von 2,5 bis 6 MW – bis 2030 wird sich dies steigern auf bis zu 200 Meter Durchmesser und Leistungen pro Windrad bis zu 10 MW. Viel spricht dafür, dass die Energieriesen vom Ausmaß des Kölner Doms mit Generatorengondeln in Reihenhausgröße auf See zukünftig den Windrädern an Land den Rang ablaufen werden.

Mitte 2014 hatten Offshore-Windparks mit einer Leistung von rd. 9 000 MW eine Genehmigung erhalten. Darüber hinaus befinden sich weitere 94 Vorhaben und einer Gesamtleistung von bis zu rd. 30 000 MW im Genehmigungsverfahren, so dass – nach Angaben der Offshore-Stiftung – insgesamt rd. 40 000 MW in Planung sein dürften. Bis 2030 sollen 15 000 MW in Betrieb sein. Allerdings achtet das zuständige Bundesamt für Seeschifffahrt und Hydrographie (BSH) dabei, insbesondere auch auf die zu erwartende Beeinträchtigungen der Fisch- und Vogelwelt, so dass nicht von der Realisierung aller Anlagen ausgegangen werden kann. Nichtsdestotrotz herrscht Aufwind im Offshore-Geschäft, auch international.

Kompliziert war in Deutschland vor allem auch die Schnittstelle zwischen Netzanbindung und Offshore-Windpark. Da die Anlagen so weit draußen vor der Küste entstehen, werden die Parks in der Nordsee über verlustarme HGÜ-Leitungen an das deutsche Übertragungsnetz angeschlossen. Riesige Konverterstationen bündeln den Netzanschluss mehrerer Parks. Schwierig war die Abstimmung zwischen den Großinvestitionen durch die Netzbetreiber einerseits und die Offshore-Betreiber andererseits. Die Netzbetreiber wollten keine Leitungen bauen, solange sie nicht wussten, ob die Parks am anderen Ende auch entstehen, die Windkraft-Investoren wollten keine Räder aufstellen, für die der Netzanschluss nicht gesichert war. Ein typisches Henne-Ei-Problem. Gelöst wurde dies nun durch den Offshore-Netzentwicklungsplan, der den Netz- und Windkraftausbau auf See steuert. Für Windparkbetreiber, deren Netzanschluss zu spät kommt, gibt es zudem eine Entschädigung, die die Verbraucher über die Offshore-Haftungsumlage bezahlen müssen.

Kein Wunder also, dass Offshore in Deutschland auch sehr finanzintensiv ist. An Land kann eine einzelne Anlage schon für einen niedrigen einstelligen Millionenbetrag errichtet werden. Offshore-Windparks kosten gut und gerne mehr als eine Milliarde Euro. Entsprechend unterschiedlich sind die Akteure: Während vor allem große Stadtwerke und internationale Energiekonzerne in Wind auf See investieren, ist das Geschäft an Land sehr kleinteilig und dominiert von Projektierern, die die realisierten Anlagen dann an Fonds, Kommunal- oder Bürgerbeteiligungen verkaufen. Noch ist Offshore auch in der Förderung teurer als Onshore: Onshore-Anlagen erhalten durch die EEG-Marktprämie meist 20 Jahre lang knapp unter 9 ct/kWh. Offshore-Parks werden dagegen im »Stauchungsmodell« mit 19,4 ct/kWh gefördert – allerdings nur 8 Jahre lang. Gemittelt über 20 Jahre liegt der Vergütungssatz für die Riesen auf dem Meer auch »nur« um die 10 ct/kWh. Zudem erhofft sich die Branche hohe Kostenreduktionen zwischen 20 und 40 Prozent.

Photovoltaik: Die Sonne in der Steckdose

Sonnenenergie lässt sich auf vielfältige Weise nutzen, auch in unseren Breiten, besonders auf den Häusern. Verbreitet ist die Solarthermie, die aus einem Wassertank auf dem Dach basiert, der von der Sonne erhitzt wird und das entstehende Warmwasser in das Haus abgibt – einfach und effizient. Hiervon zu unterscheiden ist die Photovoltaik. Bei der Photovoltaik werden Solarzellen verwendet, die im Wesentlichen aus Halbleitern, meist Silizium, bestehen. Diese besitzen die Eigenschaft, bei Sonneneinstrahlung Ladungsträger freizusetzen, die sich mithilfe eines elektrischen Felds im Halbleiter zu gerichtetem Strom umwandeln lassen. Die Solarzellen werden zu Solarmodulen zusammengefasst und lassen sich dann entweder auf Dächern oder als Freiflächenanlagen relativ einfach montieren. Für Einspeisung ins Netz sind noch Wechselrichter erforderlich, die den erzeugten Gleichstrom in im Netz üblichen Wechselstrom umwandeln.

Prinzipiell ist Solarenergie eine bestechende Idee, denn die Sonne versorgt die Erde mit eineinhalb Trillionen (15 Nullen) kWh im Jahr, was etwa dem 15 000-fachen des globalen Primärenergieverbrauchs entspricht.

Bereits seit Beginn der Raumfahrt in der Mitte des 20. Jahrhunderts werden Photovoltaikanlagen zuverlässig genutzt. Die alten Anlagen hatten allerdings eine sehr magere Energiebilanz und einen negativen Erntefaktor, d. h. der Energieaufwand zur Herstellung hatte die Ausbeute während der zu erwartenden Lebensdauer übertroffen. Moderne Anlagen haben dieses Energiebilanzproblem nicht mehr – der Erntefaktor liegt derzeit in etwa bei 6 Jahren.

> **Solarthermie**
> Neben der direkten Stromgewinnung aus Sonnenlicht lässt sich auch über den Umweg »Wärme« die Energie der Sonne anzapfen. Die Sonnenstrahlung wird hierbei dazu genutzt, Wasser zu verdampfen. Mittels einer Turbine wird der Wasserdampf zur Stromproduktion eingesetzt. Davon zu unterscheiden sind Solarthermieanlagen auf Dächern zur Erzeugung von Warmwasser.

Wieviel Energie in einer Region durch die Sonne geliefert wird, ist leicht anhand der Stärke der Globalstrahlung zu ermitteln. Dabei ist es sicher keine Überraschung, dass Mitteleuropa nicht gerade zu den sonnenverwöhnten Landstrichen der Erde zählt. Dennoch war Deutschland jahrelang das Paradies der Sonnenenergie-Fans – und das lag an den enorm hohen Vergütungssätzen im EEG. In der Anfangszeit betrug der Einspeisetarif bis zu 60 ct/kWh und sank dann langsam auf rd. 30 ct/kWh. Gleichzeitig verfielen aber die Modulpreise vor allem durch das Aufkommen chinesischer Module rapide. Die Folge: Vor allem in den Jahren 2009 bis 2012 wurden – wie oben schon geschildert – in einem solch enormen Umfang PV-Anlagen zugebaut, dass die Netzbetreiber bei allen Bemühungen der Anschlussflut kaum hinterher kamen – vor allem in Bayern, dem »Sunshine-State« Deutschlands.

Mit der Revision des EEG im Jahr 2012 und der Einführung des sogenannten »atmenden Deckels«, der eine Degression der Vergütungssätze nach Höhe des Zubaus vorsieht, ebbte der Solar-Boom in Deutschland ab. Heute erhält man nur mehr eine Förderung zwischen etwa 9 und 13 ct/kWh.

Damit bezahlte Deutschland – und bezahlt weiterhin – die Lernkurve bei der Sonnenenergie, von der nun die Welt profitiert. Zu nun günstigen Preisen boomt die PV in den sonnenreichen Regionen: China, USA, aber auch Südamerika sind jetzt die wichtigsten Märkte. Während in Deutschland 2014 nicht einmal mehr 2 000 MW Solarmodule installiert wurden, waren es weltweit etwa 45 000 MW. Zwar ist Deutschland von der installierten Kapazität her immer noch Weltmeister mit rd. 38 000 MW. Doch folgt China mit einem Zubau von 13 000 MW in 2014 und einer Gesamtkapazität von rund 30 000 MW dicht auf dem Fuß.

Es ist allerdings zu erwarten, dass die Sonnenenergie in Deutschland weiterhin eine wichtige Rolle spielen wird. Sehr viele Profiteure von den Landwirten über die Eigenheimbesitzer bis hin zu den Handwerkern bilden eine starke politische Macht. Der Eigenverbrauch, künftig optimiert mit Batteriespeichersystemen, wird voraussichtlich der Treiber der Entwicklung sein. Am Ende könnte PV deshalb ganz ohne Förderung auskommen, weil sich die Eigenverbraucher von den staatlichen Lasten auf den Strom aus dem Netz verabschieden. »Guerrilla«-PV könnt die Zukunft sein. Damit sind einfache »Plug-In«-PV-Anlagen gemeint, die man ganz simpel in die Steckdose steckt und damit seinen Strom ins Hausnetz einspeist. Dem Netzbetreiber mag das nicht gefallen und er mag viele Sicherheitsbedenken haben – aber im Online-Handel sind die Anlagen schon zu haben. So kommt die Sonne dann tatsächlich direkt in die Steckdose.

Bioenergie: Tank, Teller – oder was?
Auch Bioenergie steht in punkto permanente bzw. planbare Lieferung auf der sicheren Seite von Wasserkraft und Erdwärme. Anders jedoch wird wie bei Öl, Kohle oder Gas Biomasse

als Rohstoff *verbrannt* und die Energie ist dabei ähnlich wie in Kohle- oder Gaskraftwerken elektrisch und thermisch nutzbar. Biomasse ist wie eingangs angesprochen der älteste Energieträger und bis heute in vielen Teilen der Welt unerlässliches Brennmaterial. Während diese traditionelle Form meist auf Holz oder Tierdung beruht, verbirgt sich hinter dem Oberbegriff *Biomasse zur energetischen Nutzung* ein weites Feld möglicher Rohstoffe. Neben Holz und holzähnlichen Pflanzen, Stroh, Feldfrüchten, wie Getreide und Mais, zählen dazu auch Pflanzenöle wie etwa Raps- oder Palmöl und Alkohole, Algen, organische Abfälle wie z. B. Industrieabfallholz, Dung oder Klärschlamm.

> **»Bioerdgas«**
> Biogas kann in einer speziellen Aufbereitungsanlage auf Erdgas-Qualität gehoben werden. Der Vorteil: Bioerdgas oder Biomethan kann ins Erdgasnetz eingespeist werden und an einer beliebigen anderen Stelle, wo Strom und Wärme sinnvoll genutzt werden können, entnommen werden. Das löst das Problem von langen Transportwegen oder von fraglichen KWK-Anwendungen vor Ort.

So vielfältig wie die Ausgangsstoffe sind auch die aus Biomasse gewonnen Brennstoffe. Zum Teil kann die Biomasse in zerkleinerter Form als Holzpellets für Heizungen direkt genutzt werden. Neben dieser festen Form lässt sich aus organischem Material über Vergasungsprozesse auch Biogas gewinnen. Hierzu werden etwa Getreide, Mais, Gras oder Abfälle und Reststoffe genutzt. Eine dritte Variante ist die Herstellung von flüssigem Brennstoff. Während Pflanzenöle in der Regel zu Dieselkraftstoff raffiniert werden, dienen Alkohole (z. B. Ethanol aus Zuckerrohr) zur Herstellung von Ottokraftstoff. Um daraus motorenverträgliches Benzin zu machen, sind verschiedene Raffinierungsprozesse erforderlich, die zum Teil sehr energieintensiv sind. Je weiter das Endprodukt vom Ausgangsstoff entfernt ist, desto geringer wird damit auch die CO_2-Ersparnis.

Zur Stromerzeugung wird aufgrund des hohen Bedarfs und andere Anwendungen derzeit nur ein kleinerer Teil der Biomasse verwendet. Eine deutlich größere Summe entfällt auf Biokraftstoffe und Wärmegewinnung, wobei letztere in KWK-Anlagen oftmals an die Stromerzeugung gekoppelt sind. Vor- und Nachteile der Energiegewinnung aus Biomasse sind je nach Ausgangstoff und Verwendung sehr unterschiedlich. Verschiedenste Punkte sind für eine Bewertung der einzelnen Biomassearten zu berücksichtigen. So ist etwa der Flächenverbrauch bei Raps für Biodiesel hoch, für Biogas aus Abfällen minimal. Die gesamtenergetische Ausbeute ist bei effizienten KWK-Anlagen hoch, bei Biokraftstoffen niedrig. Nicht zuletzt stellen sich ethische Fragen des Verdrängungswettbewerbs von Nahrungspflanzen, d. h. wird der Teller oder der Tank gefüllt. Hier sollte auf jeden Fall, dass Nahrungspflanzen insbesondere in den Entwicklungsländern der Vorzug gegeben werden soll, da es wenig Sinn macht, dort Biokraftstoffe für die Industrieländer zu erzeugen und von diesem wiederum Lebensmittel zu beziehen. Ebenso ist die Umweltbilanz einiger Energiepflanzen sehr fraglich: Wenn etwa für die Erzeugung von Palmöl in Brasilien Regenwald weichen muss, ist dies nicht nur für den Klimaschutz mehr als kontraproduktiv. Kritisch wird schließlich die sogenannte »Vermaisung« diskutiert.

Für die Energiewende wird die Bioenergie keine großen mengenmäßigen Beiträge zusätzlich mehr bringen können. Das EEG 2014 sieht nur einen bescheidenen Zubau von 100 MW pro Jahr vor. Die hohen Preise und die Umweltprobleme waren ausschlaggebend auch für die massive Kürzung der Vergütungssätze. Allerdings kann und muss sie einen wichtigen qualitativen Beitrag in Zukunft leisten: Heute fahren die Anlagen praktisch Volllast durch alle Stunden des Jahres – künftig muss sich die Biomasse aus der Ausregelung der volatilen Erneuerbaren beteiligen.

Geothermie: Die Hölle unter der Erde

Die Erde unter uns ist heiß. Nur ein Tausendstel der Masse unseres blauen Planeten ist weniger warm als siedendes Wasser. Je tiefer man bohrt, desto heißer wird es – ein Grund, warum in Bergbaustollen in der Regel sommerliche Temperaturen vorherrschen. Die Geschichte der Erdwärmenutzung ist ebenso alt wie die von Wasser- und Windkraft. Heiße Quellen dienen seit der Römerzeit als Wärmelieferant. Diese direkte Nutzung des warmen Wassers findet sich auch heute noch, ein bekanntes Beispiel dafür ist Island, das heute mehr als die Hälfte des Primärenergiebedarfs über Geothermie abdeckt. Geothermie kann zur Wärmenutzung und zur Stromerzeugung verwendet werden.

Das älteste elektrische Geothermiekraftwerk steht im toskanischen Larderello. Es nutzt ein natürliches Wärmereservoir in geringer Tiefe, das von Magmabewegungen im Grenzbereich zweier tektonischer Platten gespeist wird. Und hier liegt auch der Schlüssel für einen günstigen Betrieb: Je weniger tief gebohrt werden muss, desto interessanter und wirtschaftlicher ist der Standort.

Eine Vielzahl von geothermischen Nutzungen kommt auch mit geringen Temperaturen aus, dann liegt der Schwerpunkt allerdings auf Wärme- statt Stromgewinnung. Geothermie ist eine kontinuierliche Energiequelle und daher mit der Wasserkraft vergleichbar. Gemein hat sie mit allen drei vorgenannten Energiequellen, dass bei der reinen Stromgewinnung kaum Kohlendioxid frei wird. Trotz dieser Vorzüge gibt es auch Nachteile: Hierzu zählt die Gefahr von Verunreinigungen von Grundwasser und Luft durch Freisetzung schädlicher Substanzen. Als risikoreich erweisen sich auch tektonische Bewegungen, die durch die tiefen Bohrungen und Wasserentnahme ausgelöst werden können. So erschütterte zum Jahreswechsel 2006/2007 eine Reihe von Erdstößen die Region Basel, die im Nachhinein auf das Geothermieprojekt *Deep Heat Mining* zurückgeführt. Auch Staufen im Breisgau hat nach einer Geothermie-Bohrung mit einer drastischen Bodenerhöhung zu kämpfen, die zahlreiche Häuser in Mitleidenschaft gezogen hat. Sicher ist, dass eine zukünftige Anwendung von Geothermie im großen Stil noch einen längeren Entwicklungsweg vor sich hat.

Kommt zusammen, was zusammengehört?
Erneuerbare und der Naturschutz
Vor Jahren schien es noch einen einfachen Gleichklang zwischen Erneuerbaren, Klima- und Naturschutz zu geben. Doch mit zunehmenden Ausbau stellen sich immer mehr Fragen: Zum Klimaschutz tragen die Erneuerbaren in Europa kaum etwas bei, da der zulässige Ausstoß an CO_2 durch das Europäische Emissionshandelsregime (Emission Trading Scheme oder: ETS) gedeckelt ist. Vielmehr besteht sogar das Problem, dass durch die massive Erhöhung der grünen Kapazitäten der Überfluss an CO_2-Zertifikaten noch verstärkt wurde. Auch dadurch verfielen die Preise, so dass der ETS derzeit keine nennenswerte Steuerungswirkung mehr hat. Wenn die Erneuerbaren zum europäischen Klimaschutz beitragen sollen, dann müssten die von ihnen vermiedenen Emissionen auch aus dem Handelssystem genommen werden. Das würde allerdings den Strompreis erhöhen und die Wettbewerbsfähigkeit der europäischen Industrie weiter schwächen. Über die ganze Prozesskette betrachtet – von der Gewinnung des eingesetzten Energieträgers über die Umwandlung zum nutzbaren Energielieferanten, den Transport des Energieträgers, den Bau und Betrieb der Kraftwerksanlagen, die Umwandlung in elektrische Energie, die Einspeisung ins Netz sowie die Filterung, Beseitigung oder Lagerung von Reststoffen – haben auch die Erneuerbaren einen »Carbon-Footprint«.

Die meisten Fragen in Deutschland ranken sich aber um die Kohärenz von Erneuerbaren und Umweltschutz, vor allem in Bezug auf den Flächenverbrauch, der direkt oder indirekt

Abbildung CO$_2$-Ausstoß in Gramm je kWh für verschiedene Energieträger

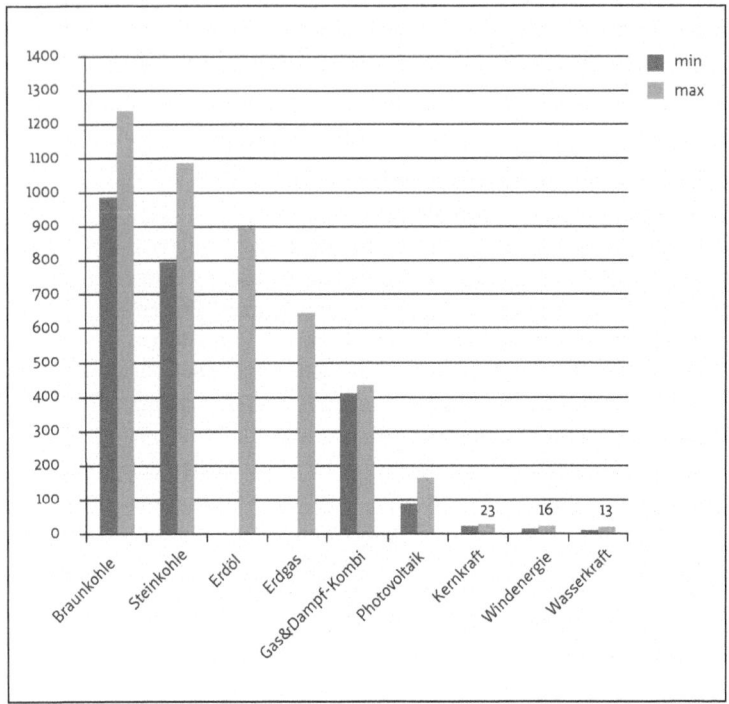

Quelle: SZ

mit dem Ausbau zusammenhängt. Dies Kontroverse spaltet sogar die grüne Bewegung. Der BUND z. B. spricht sich in Bayern deutlich gegen den Ausbau des Übertragungsnetzes aus. Die Grünen befürworten ihn dagegen als unverzichtbar, weil ohne ihn die Reise in ein grünes Energieland nicht möglich sein wird. Erstaunliche Koalitionen tun sich so auf: BUND-Chef Hubert Weiger tagte im April 2015 in Andechs mit dem CSU-Vorstand, die Grünen unterstützen die Konzerne der Übertragungsnetzbetreiber bei ihren Vorhaben.

Dabei geraten alle Erneuerbaren-Energieträger in die Kritik: Klassisch ist schon der Widerstand der Fischer gegen die Wasserkraft und der Naturschützer gegen die Pumpspeicherwerke. Die Biomasse scheiterte an der Vermaisung, die Windenergie hat Probleme mit der »Verspargelung« und die PV-Freiflächenanlagen dürfen nur auf Konversionsflächen und an den Randstreifen von Autobahnen und Schienenwegen errichtet werden. Sogar gegen Hausdach-PV-Anlagen regt sich der Unmut mancher architektonischer Ästheten.

Letztlich ist aber klar: Bisher haben wir den Flächenverbrauch für die Energiegewinnung durch den Import der fossilen und nuklearen Energieträger fast vollständig auf andere Länder ausgelagert. Die großen Braunkohlereviere sind die Ausnahme. In Mittel- und Südamerika, in Afrika oder Australien wurde die Natur genutzt, um große Teile unserer Energieversorgung zu ermöglichen. Wenn wir jetzt die fossile Erzeugung durch heimische Erneuerbare ersetzen wollen, wird das nicht ohne massive Eingriffe in die Natur in Deutschland gehen, weil der Mensch letztlich die Energie nur aus seiner Umwelt schöpfen kann. Auch das gehört zur Energiewende.

Zusammenfassung

- Der mengenmäßige Ausbau der Erneuerbaren ging mit der Einführung des EEG sehr schnell voran.
- Der ungesteuerte Ausbau hatte allerdings auch negative Konsequenzen: dramatische Erhöhung der EEG-Umlage, große Herausforderungen bei der System- und Marktintegration der Erneuerbaren.
- Die Bundesregierung hat – auch auf Druck der EU – mit dem EEG 2014 einige wichtige Schritte beschlossen: klare Zieldefinitionen, Ausbaukorridore für die einzelnen Tech-

nologien, die Pflicht zur Direktvermarktung für größere Anlagen und auch den Übergang zur Ausschreibung der Förderhöhe.
- Hauptsäulen der erneuerbaren Energieversorgung werden Windkraft und Sonnenenergie bilden. Sie weisen allerdings einige Spezifika auf: ihre längerfristig unplanbare und nicht-steuerbare Erzeugung und ihre nicht vorhandenen Brennstoffkosten.
- Die besonderen Eigenschaften von Wind und Sonne als Energieträger werden aber einen weiteren Systemumbau nötig machen, sollen die ehrgeizigen Ziele erreicht werden.
- Die steuerbaren erneuerbaren Energieträger Wasserkraft und Bioenergie können zwar noch zusätzliche Beiträge leisten, aber im Verhältnis zu Wind und Sonne in einem deutlich geringeren Umfang.
- Der Umstieg von der klassischen Energieversorgung vor allem auf der Basis importierter fossiler und nuklearer Brennstoffe auf eine Energieversorgung durch heimische Erneuerbare wird zu einem deutlichen Flächenverbrauch im Land führen.

4.2 Zehn Minuten Atom und Ausstieg

Ein deutsches Drama in acht Akten

Erster Akt: Der Aufbau
Die Geschichte der Kernenergie beginnt mit vier Glühbirnen im tiefen Nordwesten der USA. Kurz vor Weihnachten 1951 gelingt 16 amerikanischen Ingenieuren die Gewinnung von Strom mittels eines Kernreaktors. »It works!« – der Jubel ist groß, denn die Kernspaltung erzeugt mit geringsten Mengen an Brennmaterial eine enorme Menge Energie. Weltweit regt sich Interesse.

Weniger als sechs Jahre später geht so auch in Deutschland der erste Forschungsreaktor in Garching bei München in Betrieb. Bis zur Errichtung des ersten Kraftwerks in Deutschland vergehen weitere vier Jahre, dann steht im fränkischen Karlstein am Main Deutschlands erster Atommeiler – eine Miniausgabe mit nur 15 MW Leistung, die heute von vielen Biomassekraftwerken spielend übertroffen wird und etwa der Leistung von drei großen Windkraftanlagen entspricht.

Am 06. Oktober 1973 überquerten ägyptische Truppen den Suez-Kanal und der »Yom Kippur Krieg« zwischen Israel, Ägypten und Syrien begann. Nach 18 Tagen hat Israel den Krieg militärisch gewonnen, die Waffen schweigen. Alle Waffen? Als Folge des Krieges drehten die wichtigsten Ölexportländer der Welt den Ölhahn zu. Binnen weniger Monate hatte sich der Rohölpreis pro Barrel mehr als vervierfacht – die böse Überraschung an der Tankstelle ließ nicht lange auf sich warten. Erstmals seit dem Zweiten Weltkrieg sorgte der Ölpreisschock von 1973 für ein drastisches Absinken der Wirtschaftsleistung und führte der gerade wirtschaftlich wieder erstarkten Bundesrepublik zwei Dinge vor Augen: Die Abhängigkeit von fossilen Rohstoffen und die Abhängigkeit von der mächtigen OPEC, der Organisation der größten Ölexporteure, die nach Belieben erheblichen wirtschaftlichen Druck ausüben konnte. Die gesellschaftlichen Auswirkungen waren für jeden spürbar: Der sonntägliche Familienausflug mit dem Auto musste ausfallen und erstmals hieß es auf deutschen Autobahnen »Runter vom Gas«. Schlimmer war: Die westliche Welt schlitterte nach vielen Wachstumsjahren in eine Rezession – die Energiekrise hatte eine veritable Weltwirtschaftskrise ausgelöst.

Die große Mehrheit in Deutschland plädierte damals für den Ausbau der Kernenergie, um die Energieversorgung auf möglichst viele Füße zu stellen. So auch der damalige Bundeskanzler Helmut Schmidt (SPD) – bis heute ein Fürsprecher der Kernenergie, der seinerzeit viele der halbstaatlichen Energiekonzerne erst »überzeugen« musste, in diese Technik zu investieren. Der große Ausbau der Atomkraft setzte wie in vielen anderen Industriestaaten unmittelbar nach der Ölkrise ein. Hatte es weltweit bis 1960 praktisch keine nennenswerte Stromerzeugung aus Kernkraft gegeben, erreichte die installierte Kapazität bis Ende der Siebziger Jahre weltweit circa 100 000 MW und stieg bis 1990 auf über 300 000 MW weiter rasch an. Ende 2012 wurden in 31 Staaten der Welt 439 Kernkraftwerke mit einer Leistung von fast 400 000 MW betrieben, 65 Kernkraftwerke mit einer geplanten Kapazität von etwa 69 000 MW befinden sich in 14 Ländern in Bau.

> »Im Licht des CO_2-Problems ist die Kernkraft eine saubere, unter Sicherheitsaspekten verantwortbare Energie und auch für die Zukunft wichtig.«
> Bundeskanzlerin Merkel am 5. 12. 1994 als Bundesumweltministerin, Quelle: Süddeutsche Zeitung

Auch in Deutschland wurden große Bauprojekte angeschoben, mit dem Ergebnis, dass Ende der 80er Jahre die Stromversorgung Deutschland zu gut einem Drittel auf Kernkraft beruhte. Wissenschaft und Industrie fokussierten sich auf die Kernkraft, die staatlich stark gefördert wurde, aber auch Arbeitsplätze, wettbewerbsfähige Preise und mangels geringer eigener Primärenergieträger auch Versorgungssicherheit schuf.

Wie entsteht Atomstrom eigentlich?

Kernspaltung ist eine Reaktion die ständig und überall in der Natur passiert – jedoch unkontrolliert und unbemerkt. Kontrollierte Kernspaltung kann zur Stromerzeugung eingesetzt werden. Wie geht das? Um zu verstehen, muss man sich in die Welt der kleinsten Teilchen begeben und sich einen Atomkern genauer anschauen. Atomkerne bestehen aus zwei verschiedenen Teilchenarten, den elektrisch positiv geladenen Protonen und den elektrisch neutral geladenen Neutronen. Beide sind von ihrer Masse etwa gleich und werden durch die

»Kernkraft« zusammengehalten. Die Zahl der Protonen bestimmt, um welches chemische Element es sich handelt und wie »schwer« es ist. Uran hat eine hohe Protonenanzahl, ist dadurch ungeheuer schwer und benötigt zur Stabilisierung eine große Anzahl an Neutronen – die Kernkräfte sind groß und müssen ständig kompensiert werden, der Stoff ist latent instabil.

Für Kernreaktoren wird das in der Natur vorkommende Uran 235 verwendet, das aus 92 Protonen und 143 Neutronen besteht. Zum Vergleich: Das leichteste Atom ist das Wasserstoffatom, bestehend aus einem Proton, null bis zwei Neutronen und einem Elektron. Das Gewicht beschränkt sich dabei nicht auf das Zählen von Protonen und Neutronen, sondern zeigt sich deutlich auf der Waage: Uran ist etwa ⅔ schwerer als Blei, Wasserstoff ist um ein Mehrfaches leichter als Luft. Besonders an U 235 ist, dass es sich teilt, wenn ein weiteres Neutron hinzugefügt wird. Für einen Bruchteil einer tausendstel Sekunde entsteht das sehr instabile U 236, das in zwei positiv geladene Kerne zerfällt, die sich gegenseitig abstoßen – durch diese Bewegungsenergie entsteht Wärme. Bei dem Teilungsprozess entstehen etwa weitere 2–3 Neutronen, die wiederum U235-Kerne spalten können, wenn sie mit der richtigen Geschwindigkeit auf ein U235-Atom treffen. Wenn dieser Prozess nicht kontrolliert wird, d.h. die Geschwindigkeit nicht geregelt oder »moderiert« würde, mit der ein Neutron auf ein U235 Atom auftrifft, wäre die Kettenreaktion sehr schnell zu Ende. Die Neutronen müssen also durch den Moderator abgebremst werden. Das geschieht nicht durch ein Wundermittel, sondern ganz einfach durch leichtes, d.h. normales Wasser (H_2O) oder – weniger häufig – durch schweres Wasser (D_2O).

Ein vereinfachtes Bild ohne Anspruch auf physikalische Genauigkeit: In einem mit Wasser gefüllten Raum befinden sich schwebende Äpfel. Ein Apfel wird mit einer Kugel beschossen und zerplatzt, Apfelkerne aus den Kernhäusern werden freigesetzt, beschleunigt und treffen auf andere im Raum schwebende Äpfel, die wiederum getroffen werden und ihre Kerne freisetzen, die wieder Äpfel treffen – eine Kettenreaktion entsteht. Die Geschwindigkeitskontrolle der Apfelkerne, die für das »kontrollierte« Zerplatzen der Äpfel sorgen, erfolgt durch das Wasser. Durch das Zerplatzen der Äpfel wird Energie freigesetzt.

Die Kernspaltung unterscheidet sich von Verbrennung dadurch, dass keinerlei chemische Reaktion stattfindet, sondern Masse in Energie umgewandelt wird – deshalb ist die Kernreaktion im Vergleich viel effizienter – aus wenig »Kernbrennstoff«, der genau genommen nicht verbrannt wird, entsteht Umwandlungsenergie. Zum Vergleich: Aus einem Gramm U235 kann man etwa so viel Energie gewinnen, wie aus der Verbrennung von 2,4 Tonnen Steinkohle.

Das generelle Funktionsprinzip von Kernkraftwerken ist immer dasselbe: Genauso wie Kohle- oder Gaskraftwerke erzeugen nukleare Anlagen Wärme. Als Wärmequelle dient die bei der Kernspaltung die frei werdende Energie, mit der Wasser erhitzt wird. Bei den Leichtwasserreaktoren wird es entweder direkt auf eine Turbine geleitet (Siedewasserreaktor), an die ein Generator angeschlossen ist, der letztlich den Strom erzeugt. Beim Druckwasserreaktor ist ein weiterer Schritt zwischengeschaltet: Mit dem erhitzten Wasser aus dem Reaktor wird in einem getrennten Wasserkreislauf (Sekundärkreislauf) Dampf erzeugt, der dann auf die Turbine geleitet wird. Eine Weiterentwicklung des Druckwasserreaktors ist der so genannte Europäische Druckwasserreaktor (EPR), dessen Modelle etwa im finnischen Olkiluoto und im französischen Flamanville gebaut werden.

Auch ein Schwerwasserreaktor funktioniert ganz ähnlich. Im Unterschied zum Leichtwasser fängt schweres Wasser aber

> **Wir bauen uns ein Atomkraftwerk – Prinzip Druckwasserreaktor**
> Durch Kernspaltung wird im Reaktor Hitze freigesetzt, die über Wasser zu einem Dampferzeuger geleitet wird. Der dort entstehende – nicht radioaktive – Dampf treibt Turbine und Generator an. Ein Kondensator kühlt den Dampf, der als Wasser wieder rückgeführt wird.

Abbildung Prinzip Druckwasserreaktor

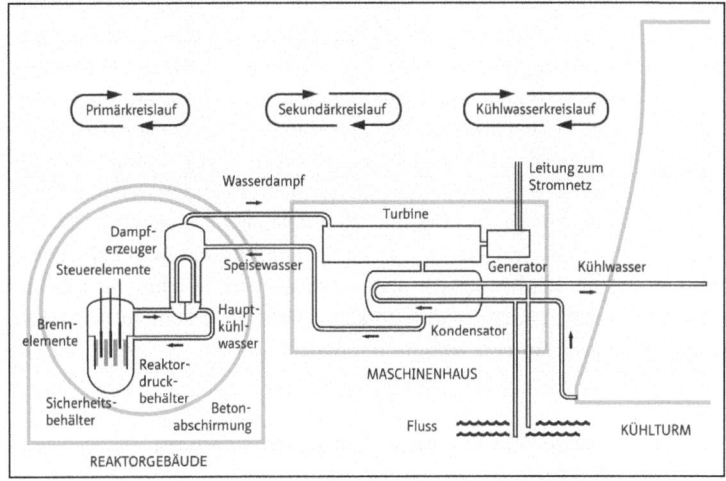

Quelle: GNU

viel weniger bei der Kernspaltung entstehende Teilchen ab. Und diesen Effekt kann man genau dann gut gebrauchen, wenn im Brennstoff weniger leicht spaltbares Uran 235 enthalten ist. Würde man Natur-Uran mit normalem Wasser bändigen, brächte man die Spaltung zum Stillstand. Deshalb muss das Uran für die Leichtwasserreaktoren »angereichert« werden, d.h. der Uran 235-Anteil von ca. 0,7 Prozent auf etwa 3 bis 5 Prozent gesteigert werden. Andere Formen sind der in Südafrika geplante Hochtemperatur- oder Kugelhaufenreaktor, in dem kugelförmiger Brennstoff zum Einsatz kommt.

Fast in Vergessenheit geraten ist hingegen ein ganz anderer Reaktortyp: Die Bauart Tschernobyl. Dieser Typ verwendete anstelle von Wasser Graphit als Moderator. Neben vielen anderen Unüberlegtheiten war es unter anderem das graphitbasierte Steuersystem, das zur Katastrophe im Jahr 1986 führte. Der Grund: Wird ein Wasserreaktor zu heiß und kann der Brennstoff nicht aus dem Reaktor entfernt werden, verdampft der Moderator – die Kettenreaktion kommt zum Erliegen. Beim brennbaren Graphit als Moderator bewirkt Hitze genau das Gegenteil: Die Kettenreaktion wird verstärkt, was wiederum mehr Hitze bedeutet. So kam es in Tschernobyl zu Kernschmelze und Explosion des Reaktors. Der Graphitmoderator wurde in der Baureihe Tschernobyl verwendet, weil hierdurch der Austausch einzelner Brennelemente auch während des Betriebs möglich ist. Dadurch kann Plutonium mit einem hohen Reinheitsgrad entnommen werden, welches auch militärisch verwendet werden kann. Dies ist in keinem deutschen Kernkraftwerk technisch möglich.

Zweiter Akt: Die Anti-Atomkraft-Bewegung – »No Atomstrom in my Wohnhome«

Bereits 1979 formierte sich unter dem Motto »Atomkraft – nein danke« die Anti-Atomkraft-Bewegung, die unter dem Eindruck der getroffenen Festlegung für Gorleben als Standort für das nukleare Entsorgungszentrum sowie für die Erkundung des Salzstocks von Gorleben zum Endlager, kräftigen Aufwind erhielt. Mit dieser Auseinandersetzung wurde zusammen mit der Friedensbewegung und dem Widerstand gegen die Startbahn West des Frankfurter Flughafens ein Teil des Gencodes der Grünen Partei geschrieben, die Deutschland wie kaum eine andere politische Kraft seit Anfang der 1980er Jahre verändert hat. Anfangs noch als Außenseiter betrachtet und von den etablierten Parteien stark angefeindet, haben es die Grünen

> **Allmachtfantasie oder Allheilmittel?**
> Während in den 70er Jahren in der Kernkraft viele einen adäquaten Ausweg aus der Energiekrise sahen, fürchteten manche, dass dadurch dem Faschismus erneut die Tür geöffnet würde. Lange vor Tschernobyl polarisierte Kernenergie die Gesellschaft, was seinen Ausdruck u. a. im vom Autor und späteren Träger des alternativen Nobelpreises Robert Jungk geprägten Begriff »Atomstaat« seinen Niederschlag fand.

geschafft, dass zuerst ihre Ideen und dann auch sie selbst »salonfähig« wurden.

Der Protest gegen Atomkraft stand in der »heißen Phase« im Zentrum der Aktivitäten. Gegen jede neue Anlage wurde demonstriert, mit Sitzblockaden, Hüttendörfern, Märschen und Gottesdiensten. Polizei wurde aufgefahren, um die Bauarbeiten zu sichern, es kam zu Schlachten am Bauzaun. Einige hochumstrittene Projekte wurden aufgegeben, wie z. B. die »Wiederaufbereitungsanlage in Wackersdorf«. Andere kerntechnische Anlagen, wie das Kernkraftwerk Isar 2 in der Nähe des bayerischen Landshut, wurden noch bis Ende der 1980er Jahre vollendet.

Mit der Reaktorkatastrophe von Tschernobyl am 26. April 1986 ist der deutschen Öffentlichkeit bewusst geworden, dass auch ein entfernter Atomunfall sehr weitreichende Folgen – das eigene Land eingeschlossen – haben kann. Durch radioaktiven Fallout wurden weite Teile Europas betroffen, neben Österreich insbesondere unter anderem auch der Südosten Deutschlands. Seit Tschernobyl wurde kein neues Kernkraftwerk in Deutschland mehr geplant und realisiert, es wurde nur noch »zu Ende gebaut«.

Nach Tschernobyl kippte die Stimmung in weiten Teilen der Bevölkerung, für sie galt Kernkraft fortan als unsicher und unbeherrschbar. Auch die Gräben zwischen den ursprünglichen Gegnern und Befürwortern wurden wieder breiter und tiefer, was sich deutlich in der Form der Auseinandersetzung widerspiegelt: Oftmals prallt eine kalte Techniksprache auf fast religiös anmutende Bekenntnisse. Und auch die Begrifflichkeiten ändern sich: Der Begriff »Atomkraftwerk« gilt seit Tschernobyl als verpönt und wurde von den Betreibern in »Kernkraftwerk« umgetauft, für eine Bewertung der Technik und ihrer Gefahren ist diese Unterscheidung aber völlig unerheblich.

Welche radioaktiven Stoffe werden bei einem GAU eigentlich freigesetzt?

Durch einen GAU können radioaktive Edelgase, leicht flüchtige Stoffe wie z. B. Jod- oder Cäsiumisotopen, schwer flüchtige Stoffe wie z. B. Strontiumisotopen und die so genannten Transurane (im besonderen Plutoniumisotopen) freigesetzt werden. Transurane können nur dann freigesetzt werden, wenn der Reaktor – wie in Tschernobyl – mit Plutonioum oder wie in Fukushima 2 mit so genannten Mischoxid-Brennelementen (MOX) bestückt ist. Die Dauerhaftigkeit der radioaktiven Gefahr richtet sich nach der Halbwertszeit der Stoffe,
 mit der die Zeitspanne in der die Menge eines radioaktiven Stoffes (Nuklids) durch Zerfallsprozesse um die Hälfte gesunken ist. Die radioaktiven Edelgase haben eine Halbwertszeit von fünf Tagen, Cäsium-137 rund 30 Jahre und Plutonium 24 000 Jahre. Derzeit wird die drastische Verkürzung der Halbwertszeit durch weitere Behandlung, Transmutation genannt, erforscht.

Wie sicher ist ein Atomkraftwerk?

Bei Atomkraftwerken müssen sich alle Beteiligten – also wirklich alle – immer zuerst die Frage nach der Sicherheit stellen, da die Folgen eines Unfalls verheerend sein können. Um die Sicherheit von Kernkraftwerken zu gewährleisten, wird eine Vielzahl von Schritten unternommen, die einen Störfall extrem unwahrscheinlich machen. Allerdings fällt es uns schwer, sich Wahrscheinlichkeiten vorzustellen. Schließlich gibt es auch regelmäßig Lottogewinner oder es werden Menschen vom Blitz getroffen. Man neigt dazu, große Eintrittswahrscheinlichkeiten zu unterschätzen, geringe jedoch zu überschätzen. Es kann aber auch bei einer Ziehung zwei oder mehrere Lottogewinner geben. Der Vergleich zwischen einem Lottogewinn und einem GAU hinkt jedoch gewaltig, weil sich die Wahrscheinlichkeit eines GAU – anders als beim

Lottospiel – nicht mit mathematischer Genauigkeit vorhersagen lässt. Forscher am Max-Planck-Institut für Chemie an der Universität Mainz haben die Wahrscheinlichkeit einer Kernschmelze ermittelt, in dem sie die Laufzeiten aller Atomkraftwerke in der Welt bis heute durch die Zahl von vier Kernschmelzen teilten (1 Tschernobyl, 3 in Fukushima). Danach wäre alle 20 Jahre ein GAU wahrscheinlich. Das Risiko nach dieser Rechnung liegt etwa 200-mal höher als Schätzungen der amerikanischen Zulassungskommission für Kernreaktoren aus dem Jahr 1990.

Wie kann man sich ein Sicherheitskonzept eines Kernkraftwerks vorstellen? Zunächst nicht anders als das einer Bank, die ihren Tresor vor Einbrechern schützt: Der Kundenraum wird überwacht, so dass im Normalfall niemand den geschlossenen Bereich betritt. Doch ein bewaffneter Einbrecher kann dennoch einmal in den Sicherheitsbereich gelangen. Dort erwartet ihn allerdings das Sicherheitspersonal der Bank. Wenn der Wachschutz jedoch schläft, gelangt der Einbrecher möglicherweise bis zur Sicherheitsschleuse. Diese ist schwer verschlossen. Doch der Einbrecher verfügt über bisher unbekannte Werkzeuge, die ihn die Barriere überwinden lassen. Die Schleuse aber ist elektronisch gesichert und meldet spätestens jetzt den Einbruch an weitere Sicherheitskräfte. Der Einbrecher schafft es noch bis zur zweiten Sicherheitsschleuse, wird dort jedoch gestellt. Ein solches Stufenkonzept zur Sicherheit ist auch integraler Bestandteil eines jeden Kernkraftwerks, wobei der Anlagenzaun den Platz vor der Bank darstellt, der mit Bewegungsmeldern und Kameras ausgestattet ist.

Neben der Abwehr von Eindringlingen, die von außen kommen, wird auch die Funktion und Bedienung der Anlage überwacht. Dabei ist es unerheblich, ob ein Bedienungs-

> **Verhinderung der Proliferation von Uran**
> Um zu verhindern, dass z. B. beim Wechsel der Brennelemente Uran für militärische Zwecke entnommen wird, wurden Internationale Verträge geschlossen. Die Internationale Atomenergiebehörde mit Sitz in Wien überwacht dies permanent und hat in jedem deutschen Kernkraftwerk Kameras installiert.

fehler oder technisches Versagen vorliegt. In jedem Fall führt ein unvorhergesehenes Ereignis – wie z. B. das zu langsame Schließen eines von hunderten Ventilen – sofort zur automatischen Sicherheitsmaßnahme, der Abschaltung des Reaktors. Die Sicherheit ist nach dem Konzept der Redundanz und der Divergenz aufgebaut, d. h. die Schutzeinrichtungen sind mehrfach vorhanden und sie funktionieren unabhängig voneinander nach technisch unterschiedlichen Prinzipien. Im Vergleich zu einem Flugzeug wird also bei jedem Fehler sofort die Landung eingeleitet, nur dass diese wesentlich schneller von statten geht.

Und was passiert, wenn man die Bank oder das Atomkraftwerk hervorragend und mehrfach gegen Räuberattacken gesichert hat, aber keine Räuber kommen, sondern ein nicht vorhergesehenes Unwetter, das die Bank überflutet? Oder was passiert, wenn die Bankangestellten selber an den Sicherheitseinrichtungen herumspielen, was dazu führt, das die Bank explodiert?

INES, oder: »Wie ich lernte, den Super-GAU zu beschreiben«

Jede Unregelmäßigkeit in einem Kernkraftwerk ist meldepflichtig und wird über das europäische Meldesystem erfasst. Die Einordnung des Ereignisses erfolgt dabei über die sogenannte INES-Skala (International Nuclear Power and Radiological Event Scale). Sie soll die Öffentlichkeit über die Tragweite eines kerntechnischen Unfalls informieren und reicht von »0« für ein Ereignis ohne oder mit geringer sicherheitstechnischer Bedeutung bis zu »7« für einen katastrophalen Unfall wie in Tschernobyl oder Fukushima. Zur Bewertung werden insbesondere die Funktionsfähigkeit der Sicherheitsbarrieren, die Kontrolle innerhalb des Kraftwerks und die Auswirkungen außerhalb auf Mensch und Umwelt betrachtet. Es hat sich gezeigt, dass bei sich überschlagenden Ereignissen

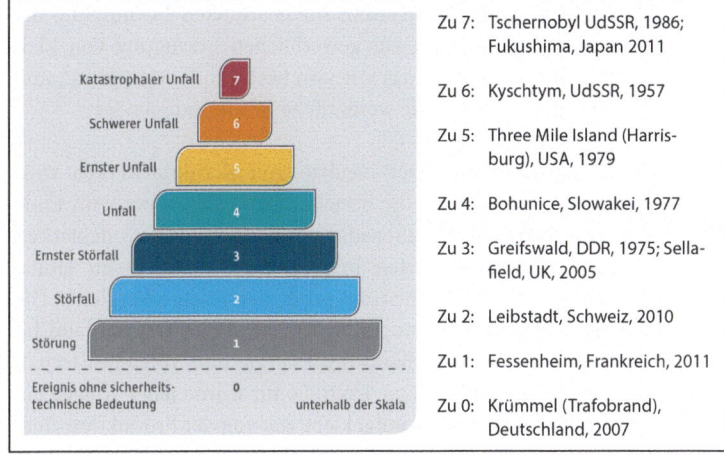

INES-Skala, Quelle: kernenergie.de

die Stufen entsprechend des Kenntnis- und Schadensstandes angepasst werden, wie z. B. in Fukushima. Meldepflichtige Ereignisse in deutschen Kraftwerken stellt das Bundesamt für Strahlenschutz in seinen Jahresberichten zusammen.

Dritter Akt: Der Atomkonsens oder: Der Ausstieg

Bewegung kam in die verhärteten Atomfronten, als die konservativ-liberale Regierung unter Helmut Kohl 1998 von einem rot-grünen Bündnis unter Führung von Gerhard Schröder abgelöst wurde. SPD und Grüne verabschiedeten im

> »Ich finde es erstaunlich, dass unter allen großen Industriestaaten der Welt – von den USA bis China, Japan und Russland – die Deutschen die Einzigen sind, die glauben, sie könnten ohne Kernkraft auskommen. Wir haben praktisch unseren Kohlebergbau aufgegeben, wir haben so gut wie kein Öl in unserem Boden, auch nicht vor unseren Küsten. Deshalb liegt es nahe, dass Deutschland einen Teil seiner Energie aus Kernkraft bezieht. Natürlich hat Kernkraft ihre Risiken. Es gibt aber keine Energie und nichts auf der Welt ohne Risiken, nicht einmal die Liebe.«
> Helmut Schmidt im Interview mit DIE ZEIT vom 24.07.08

Frühjahr 2002 das »Gesetz zur geordneten Beendigung der Kernenergienutzung zur gewerblichen Erzeugung von Elektrizität«. Es änderte das seit 1959 bestehende Atomgesetz und legt im Kern folgende wesentliche Bestimmungen fest:

Reststrommenge: Der Neubau von Kernkraftwerken wird ausgeschlossen und die bestehenden Anlagen vor dem Ende ihrer technischen Lebensdauer stillgelegt. Alle 19 deutschen Atomkraftwerke dürfen insgesamt rückwirkend ab Januar 2000 noch 2623 TWh Strom produzieren. Zum Vergleich: Die Brutto-Stromerzeugung aller Kraftwerke in Deutschland betrug laut Bundesverband der Energie und Wasserwirtschaft im Jahr 2012 rund 617,5 TWh. Somit wurde jeder Anlage ein »Haltbarkeitsetikett« aufgeklebt, das von der Produktion einer gewissen »Reststrommenge« abhängig war.

Restlaufzeit: Auf die Jahresproduktion der Atomkraftwerke bezogen ist für jede Anlage nach 32 Jahren Betrieb Schluss. Unter den Anlagen dürfen die Reststrommengen aber übertragen und verrechnet werden, hier gilt allerdings der Grundsatz, Restrommengen nur auf neuere Anlagen zu übertragen. Die Restlaufzeit pro Anlage schwankt also, ein fixes Enddatum gibt es nicht.

Atommüll: Ab Mitte 2005 findet keine Wiederaufbereitung mehr statt, an den Kraftwerksstandorten werden Zwischenlager errichtet. Die Erkundung des Endlagers Gorleben wird für 10 Jahre ausgesetzt. Der Rücktransport aus den Wiederaufbereitungsanlagen Sellafield und La Hague nach Gorleben geht weiter.

Ungestörter Betrieb: Im Gegenzug für den Atomausstieg wird den Betreibern ein ungestörter Betrieb der Anlagen zugesichert, der politische Anti-Atom-Knüppel bleibt im Sack und wird den Betreibern nicht (mehr) zwischen die Beine geworfen. Und selbstverständlich: Der Bau neuer Anlagen ist nicht mehr erlaubt. Im Rahmen des Atomkonsens von 2002 sind seither zwei Meiler vom Netz gegangen: Stade bei Hamburg und Obrigheim am Neckar.

Der Ausstieg war jedoch auch umstritten. Nach Meinung vieler Experten sind die Klimarisiken, die durch das frühzeitige Abschalten von Kernkraftwerken entstehen, deutlich problematischer als die mit der weiteren Nutzung einhergehenden Risiken. Auch die Kosten eines Ausstiegs, der mit Stromerzeugung aus anderen Quellen einhergehen muss, sind volkswirtschaftlich zu bewerten. Nicht wenige Länder haben daher umgeschwenkt oder bauen bereits neue Anlagen. Finnland, das seinerzeit als erstes »Westland« direkt von der Katastrophe in Tschernobyl betroffen war, setzt weiterhin auf Kernenergie und baut eine neue Anlage, auch in Frankreich, Russland, China und den USA sind neue Anlagen in Planung oder im Bau.

Vierter Akt: Der Ausstieg aus dem Ausstieg – ein kurzes Zwischenspiel

Der Greenpeace Mitbegründer Patrick Moore hat im Jahr 2008 zum Umweltschutz durch Ausstieg aus dem Ausstieg aufgerufen. Nicht alles mit »Atom« sei des Teufels. Der politische »Ausstieg aus dem Ausstieg« wurde nach dem Regierungswechsel 2009 von schwarz-rot zu schwarz-gelb im Koalitionsvertrag festgehalten, der die Atomkraft aber bereits als »Brückentechnologie« bezeichnet, Neubau war weiterhin tabu. Im Oktober 2010 beschloss der Bundestag, dass die Länge der »Atombrücke« massiv erweitert werden soll, und zwar um durchschnittlich weitere 12 Jahre Restlaufzeit pro Anlage. An und für sich ein stringentes Konzept: Denn mit der Verlängerung der Laufzeiten wurde ein Übergang in das erneuerbare Zeitalter ohne zwischenzeitliche Erhöhung des CO_2-

Ausstosses möglich – ein Problem, vor dem wir heute stehen (siehe 10 Minuten Kohle und Gas).

Ein Fall für die Schadensabteilung ...
Der vierte Akt im deutschen Atomtheater geht durch diese Entscheidung sehr laut und tosend zu Ende: Der Bundesrat fühlt sich übergangen, Bundesländer und Opposition kündigen Verfassungsklagen an, renommierte Staatsrechtler fertigen Gutachten mit unterschiedlichen Ergebnissen an, der Bundestagspräsident rüffelt den Prozess, einige Abgeordnete wählen das verfassungsrechtliche Instrument der Normenkontrollklage, Stadtwerke beschweren sich lautstark, da sie ihre »im Vertrauen auf den Atomausstieg« zwischenzeitlich getätigten Kraftwerksinvestitionen gefährdet sehen. Es wird wieder laut und schrill. Und auch die eigentlichen Gewinner der Laufzeitverlängerung, die Atomkraftwerksbetreiber, bekommen mit einer neuen Steuer auf Kernbrennelemente eine Schachtel bittere Pillen zu schlucken, deren Steuerbelastung auf jährlich rund 2,3 Mrd. € beziffert wird.

Fünfter Akt: Ein Tsunami erreicht »Fukushima«
Am 11. März 2011 hat etwa 130 km vor der Nordostküste Japans das so genannte »Tohoku« Seebeben die Richterskala mit 9,0 erzittern lassen, dem höchsten Wert der seit Beginn der Aufzeichnungen jemals gemessen wurde. Zum Vergleich: Das verheerende Erdbeben in l'Aquila in den Abruzzen im Jahr 2009 kam auf einen Wert von »nur« 6,3.

Nach Expertenangaben hat das Beben den japanischen Kontinent um rund 2,5 Meter nach Osten geschoben und damit die Verteilung der Masse der Erde so verändert, dass sie sich nun etwas schneller dreht und dadurch unsere Tage um etwas weniger als 2 Mikrosekunden verkürzt werden. Das dies noch niemand ernsthaft bemerkt hat – die Autoren eingeschlossen – liegt an der Tatsache, dass eine Mikrosekunde mit 0,000001 Sekunden recht kurz ist. Verheerende Auswirkungen hat aber der durch das Seebeben ausgelöste Tsunami mit sich gebracht, der weite Küstenteile der japanischen Insel Honshu mit Flutwellen bis zu einer Höhe von 30 Metern verwüstete.

In Fukushima wurden 10 Atomreaktoren auf zwei Kraftwerksgeländen betrieben, die beide aufgrund der guten Kühl-

> **»Reaktorvollbremsung«**
> Bei einer Reaktorschnellabschaltung, kurz »RESA« genannt, werden in einem Reaktor die Steuerstäbe aus dem Reaktor gefahren und die Kettenreaktion kommt zum Erliegen, die Ventile werden geschlossen und die Reaktoren damit »isoliert«. Nach einer Reaktorschnellabschaltung ist ein Reaktor aber durch die »Nachzerfallsprodukte weiter »heiß«. In den ersten Tagen nach der Abschaltung können die Nachzerfallsprozesse etwa 5–10 % der thermischen, also der »Heiz«-Leistung des Reaktors erreichen. Hinzu kommt zusätzliche Wärme, die von abgebrannten Brennelementen in den Abklingbecken produziert wird. Abklingbecken kann man sich als große und tiefe »Schwimmbecken« vorstellen, in denen abgebrannte Brennelemente abkühlen, um danach abtransportiert werden zu können. Zur Kühlung der schnellabgeschalteten Reaktoren und der Abklingbecken laufen große Pumpen, die elektrisch betrieben werden.

wasserversorgung direkt am Meer liegen. Am Tag des Seebebens produzierten am Standort »Fukushima Daiichi« (Fukushima I) drei Reaktoren und am Standort Fukushima Daini (Fukushima 2) vier Reaktoren Strom. Die anderen Reaktoren waren nicht im »Leistungsbetrieb«.

Die japanischen Behörden haben kurz nach dem Beben eine Tsunamiwarnung herausgegeben und aufgrund der erheblichen seismischen Aktivitäten wurden alle laufenden Atomreaktoren in Fuskushima »schnellabgeschaltet«. Das hat insoweit auch erstmal funktioniert.

Mit einer Höhe von 10–15 Meter haben die Tsunamiwellen die Region um Fukushima getroffen. Die Wellen konnten die rund sechs Meter hohen Schutzwände im Meer vor dem Kraftwerk mühelos überwinden und weite Teile des Kraftwerksgeländes und auch die Region wurden überflutet.

Als erstes ist das Höchstspannungsnetz in der Region zusammengebrochen, d. h. der Strom für die Kühlwasserpumpen konnte nicht mehr aus dem allgemeinen Stromnetz entnommen werden, sondern musste selbst durch »Notstromaggregate« erzeugt werden. Notstromaggregate in Atomkraftwerken sind in etwa so groß wie Schiffsmotoren der Kategorie »großes Reihenhaus« und stehen direkt auf dem Kraftwerksgelände. Sie sind das Rückgrat einer Notkühlung und sie sind die letzte »Verteidigungslinie«.

Etwa die Hälfte der Notstromdiesel in Fukushima, Pumpen, elektrische Anlagen und Leittechnik sowie Kühlwasserpumpen wurden überflutet und in Folge unbrauchbar. Es stand nun nicht mehr genügend Kühlleistung für die gesamten zu »heißen« Nuklearanlagen zur Verfügung, der kritische »station blackout« konnte trotz mehrerer redundanter Systeme Wirklichkeit werden. Der Betreiber der Anlage, die Tokio Electricity and Power Corporation Inc. (TEPCO) hat knapp eine Stunde nach Aufschlagen des Tsunami für Block 1 den nuklearen Notfall ausgerufen.

Folgende Gegenmaßnahmen wurden ergriffen: Zunächst wurde Bor in den Reaktor eingebracht, um die Kettenreaktion weiter zu unterbrechen. Da die Kühlwassersysteme weitgehend unbrauchbar waren, erfolgte eine Behelfs- oder Notkühlung der Reaktoren und der Abklingbecken mit Salzwasser aus dem Meer zunächst mit mäßigem Erfolg aus der Luft, später dann vom Boden aus mit Feuerwehrpumpen. Radioaktive Partikel auf dem Kraftwerksgelände wurden mittels einer Kunstharzlösung gebunden, ferner wurden Dämme und ähnliche Sperreinrichtungen gebaut, um zu verhindern, dass kontaminiertes Wasser ins Meer gelangt. Parallel wurden Teile der weitgehend zerstörten Anlagen, wie z. B. die Abklingbecken, baulich gesichert.

> »In Fukushima haben wir zur Kenntnis nehmen müssen, dass selbst in einem Hochtechnologieland wie Japan die Risiken der Kernenergie nicht sicher beherrscht werden können.«
> Bundeskanzlerin Merkel in der Regierungserklärung am 9. 6. 2011.

Die Gegenmaßnahmen konnten nicht verhindern, dass es durch mangelnde Kühlung in drei Reaktoren zu Kernschmelzen kam. Der in den Reaktoren hierdurch entstandene Wasserstoff wurde aus den Reaktoren in die Reaktorgebäude abgelassen, die mangels Entlüftungsmöglichkeit öffentlichkeitswirksam explodierten.

Was ist eine Kernschmelze und was kann man dagegen eigentlich tun?

Wenn ein laufender oder schnellabgeschalteter Atomreaktor nicht mehr gekühlt wird, wird es in ihm heiß, sehr heiß, und der Druck steigt – ähnlich wie in einem zugeschweißten Wasserkessel auf einer heißen Herdplatte – massiv an. Ab 800 Grad reagiert (oder besser: oxidiert) das Mantelmaterial der Brennstäbe, in denen sich die Brennelemente aus Uran befinden, mit dem Wasserdampf zu Wasserstoff. Damit der Reaktor durch den entstehenden Wasserstoff nicht explodiert, kann der Wasserstoff aus dem Reaktor über Ventile abgelassen werden. Der Nachteil bei diesem Vorgehen: Radioaktivität entweicht und die Explosionsgefahr steigt nun im Reaktorgebäude, wenn der Wasserstoff von dort nicht vollständig abgeführt wird.

Das Ablassen des Wasserstoffs unterbricht aber nicht die Reaktion, die weiter läuft. Es wird heißer und der Druck im

> **Super-GAU Fukushima in Stichworten**
> Erdbeben – Reaktorschnellabschaltung – Tsunami überspringt Schutzmauern – Überflutung Kraftwerksgelände und Hinterland – Ausfall öffentliches Stromnetz – Ausfall Elektrik Kraftwerk – Ausfall Notstromdiesel – Ausfall Kühlpumpen – Überhitzung Reaktoren – Kühlwasser in Abklingbecken verdampft – Kernschmelzen – Wasserstoff entsteht – Explosion in Reaktorgebäuden und Zerstörung derselben – Nachkühlung über Behelfslösungen – Errichten von Sperrzone wegen nuklearer Verseuchung

Reaktor steigt weiter an. Ab etwa 900 Grad platzen die Brennstäbe und nukleares Brennmaterial – also Uran – wird im Reaktor unkontrolliert freigesetzt. Es wird immer heißer. Ab

1750 Grad schmilzt die Ummantelung der Brennstäbe und fließt zusammen mit dem im Reaktor frei herumschwirrenden Uranoxid auf den Boden. Noch mehr Hitze: Ab 2850 Grad schmilzt nun auch das Uranoxid und bildet mit dem Rest des Materials im Reaktor, wie z. B. den Steuerstäben, einen sehr heißen Klumpen, der sich am Boden des Reaktors sammelt – das Klumpenmaterial bezeichnet man als »corium«. Im schlimmsten Fall kann der Klumpen durch das Reaktorgehäuse »durchschmelzen«, auf die Betonfundamente des Containment (Reaktorhauses) fließen, sich entweder mit dem Beton verbinden oder auch durch den Beton schmelzen und ins Erdreich bzw. Grundwasser gelangen. Was kann man dagegen tun?

Von der Temperatur kommt der Klumpen fast an die »schwarzen Flecken« auf der Sonnenoberfläche heran, ihn mechanisch aufzuhalten, ist also denkbar schwierig. Es gibt folgende Möglichkeiten: Wasser in den Reaktor zur Kühlung spitzen und das Reaktordruckgefäß von außen kühlen um ein Durchschmelzen zu verhindern. Moderne Anlagen verfügen einen so genannten »core-catcher«, den man sich wie einen großen Aschenbecher aus Keramik vorstellen kann, der unter den Reaktor gebaut wird. In diesen ergießt sich bei einem GAU der durchgeschmolzene Kern, seine Oberfläche wird durch Auseinanderfließen vergrößert, er kühlt ab und im günstigsten Fall unterschreitet er seinen Schmelzpunkt, so dass er im core-catcher erstarrt. Core catcher sind relativ neu und bei Neubauten state-of-the-art, ältere Anlagen können in der Regel nicht nachgerüstet werden. In Tschernobyl und Fukushima waren keine core-catcher verbaut.

Die Katastrophe von Fukushima ist per Definition ein Super-GAU, nach Tschernobyl der zweite in einem Atomkraftwerk. In Folge dieses des Unfalls wurde die Bevölkerung in einem Radius von 20 bzw. 30 Kilometern evakuiert. »Fukushima« ist ebenso wie »Tschernobyl« Synonym für die Gefahren der zivilen Nutzung von Kernenergie geworden. Anders als in Deutschland wurde ein Japan zwar ein Atomausstieg diskutiert und politisch beschlossen – der japanische Atomausstieg wurde aber durch einen Regierungswechsel wieder »kassiert«. Es ist daher davon auszugehen, dass in Japan weiterhin Strom aus Atomkraft produziert wird.

Kann man Tschernobyl und Fukushima vergleichen?
Ein Vergleich von Tschernobyl und Fukushima ist schwierig. Beide Unfälle begannen mit einem Stromausfall, der zum Ausfall der Kühlung führte: In Tschernobyl wurde der Stromausfall im Rahmen eines Versuchs (der misslungen ist) simuliert, in Fukushima wurde er durch Überflutung verursacht. In Tschernobyl konnte der im Reaktor entstandene Wasserstoff nicht rechtzeitig abgeführt werden, so dass er direkt im Reaktor explodierte. Der Reaktordeckel wurde durch das Dach des Reaktorgebäudes geschleudert – dadurch lag der gesamte Reaktor offen. Durch die Explosionswelle, auftretendes Feuer und die nach oben aufsteigende Hitze wurden radioaktive Partikel hoch in die Atmosphäre geschleudert und mit dem Wind hunderte von Kilometern verteilt.

In Fukushima wurde der in den Reaktoren entstandene Wasserstoff aus den Reaktoren in die Reaktorgebäude abgeführt, wo er explodierte und die Gebäude (nicht die Reaktoren) zerstörte. Durch die Notkühlung der teilweise beschädigten Reaktoren zur Verhinderung eines »Durchschmelzens« des Kerns wurden aber radioaktive Stoffe in den Boden und ins Meer gespült. Die Gasexplosionen in den Gebäuden haben zu einer weiteren Verteilung radioaktiver Stoffe in der Luft geführt.

Bei beiden Unfällen wurden erhebliche Mengen radioaktiver Stoffe in der Umwelt freigesetzt. Experten sprechen bei Tschernobyl von einer Freisetzung von bis zu 6 400 000 TBq und bei Fukushima von 1 000 000 TBq. Die Ausmaße eines Reaktorunfalls richten sich aber nicht ausschließlich nach der

Menge der emittierten Radioaktivität, sondern nach der Betroffenheit von Mensch und Natur, die von Windrichtung, Bevölkerungsdichte, Evakuierungsgeschwindigkeit, Betroffenheit des Trinkwassers und vielen anderen Faktoren.

Vergleichend ist festzuhalten, dass beide Unfälle als super-GAU mit der »Stufe 7« auf der INES Skala bewertet werden und erhebliche Umweltauswirkungen verursacht haben. Der Mythos, dass westliche Atomreaktoren und westliches Sicherheitsdesign einen super-GAU verhindern können, wurde durch Fukushima widerlegt.

Sechster Akt: Der Tsunami erreicht Deutschland oder: Der Ausstieg aus dem Ausstieg aus dem Ausstieg
Die Schockwellen des Ereignisses von Fukushima haben die deutsche Politik mit »Lichtgeschwindigkeit« erreicht und im Jahr 2011 zu einem radikalen Kurswechsel der konservativ-liberalen Regierungskoalition in ihrer Atompolitik geführt.

Bereits drei Tage nach dem Unfall in Fukushima hat die Regierung angeordnet, die Atomkraftwerke in Deutschland einer Sicherheitsüberprüfung zu unterziehen (Atom-Moratorium). Zur »vorsorglichen Gefahrenabwehr« haben die zuständigen Atomaufsichtsbehörden der Länder Abschaltungen der sieben ältesten Atomkraftwerke in Deutschland und Krümmel angeordnet. Aus sicherheitstechnischer Sicht erweist sich dieser populäre Schritt als stark diskussionswürdig, da mit den abgeschalteten Reaktoren erhebliche Leistung vom Erzeugungsleistung vom Netz ging und zusätzliche Leistung erforderlich wurde, um die abgeschalteten Anlagen zu kühlen. Hierdurch wurde das vorgelagerte Netz, aus dem die Energie für den Betrieb der Kühlwasserpumpen bezogen wurde, instabiler. Somit ist das Risiko

> »Es wird einer der Fälle sein, wo ein Kommissionsbericht nicht im Schrank liegen bleibt, sondern sehr schnell auch Wirkungen in der tatsächlichen Realität finden wird.« Bundeskanzlerin Merkel am 30.5.2011 zum Bericht der Ethik-Kommission über den Ausstieg aus der Atomkraftnutzung

durch die konzentrierten Abschaltungen rechnerisch gestiegen und nicht etwa gesunken. Ende Juni 2011 hat die Bundesregierung die gesetzliche Grundlage für den endgültigen Atomausstieg bis spätestens 2022 geschaffen. Das Gesetzgebungsverfahren ist trotz der Bedeutung und des Umfangs als eines der schnellsten in die Geschichte der deutschen Parlamentsgeschichte.

> »Ich freue mich deswegen, weil es gerade auch mein Vorschlag, der Vorschlag von Horst Seehofer und der Vorschlag der CSU war.« Markus Söder am 30. 5. 2011 über den von Schwarz-Gelb beschlossenen Atomausstieg, Quelle. Süddeutsche Zeitung.

Atomausstieg und Verfassung: Die Verfassungsmäßigkeit des Atomausstiegs wird kontrovers diskutiert und bewertet. RWE, E.ON und Vattenfall Europe haben beim Bundesverfassungsgericht Verfassungsbeschwerde eingereicht. Vattenfall hat die Bundesrepublik zusätzlich vor dem Internationalen Schiedsgericht für Investitionsstreitigkeiten in Washington verklagt und nimmt als ausländisches Unternehmen den Investitionsschutz über den völkerrechtlich bindenden Vertrag über die Energiecharta in Anspruch. EnBW darf nicht klagen, da das Unternehmen mit einer staatlichen Beteiligung von rund 98 % nicht Träger von Grundrechten sein kann.

Der deutsche Atomausstieg gilt natürlich nur in Deutschland, die Anlagen in den Nachbarländern werden weiter betrieben und sind nicht betroffen. Im Ergebnis werden modernere Anlagen in Deutschland abgeschaltet und gleichzeitig laufen einige hundert Meter über den Rhein hinweg Atomkraftwerke aus der Gründerzeit weiter. Wie steht es dort mit der Sicherheit? In Europa werden die Sicherheitskonzepte von der Western European Nuclear Regulators' Association (WENRA) weiterentwickelt. Das Gremium betreut die Zusammenarbeit der jeweiligen nationalen Aufsichtsbehörden bei der Verbesserung und Fortführung der Kraftwerkssicherheit. Bereits wenige Tage nach Fukushima hatte der damalige Energiekommissar Oettinger die Energieminister der

Abbildung Kernkraftwerke in Deutschland (aktiv und abgeschaltet), 2014

Quelle: BMWi

Mitgliedsstaaten zusammengetrommelt, um Überprüfungen der Anlagen durch »Stress-Tests« vorzunehmen und einheitliche Sicherheitsbedingungen zu diskutieren. Diese Aktion hat ihm zwar zeitweilig auf Brüsseler Fluren den Beinamen »Apokalypse Günther« eingebracht, die Stresstests aber wurden durchgeführt und sie sollen zukünftig verbindlich und regelmäßig stattfinden. Die Kommission kann zwar nicht wie die Bundesregierung unsicherere Anlagen abschalten, das

Zauberwort heißt hier aber »Nachrüstung«. Zum Vergleich: Ein Auto, das vor 1975 zugelassen wurde, wird nicht per Gesetz wegen Unsicherheit verschrottet, sondern es wird Sicherheit nachgerüstet in Form einer größeren Bremsanlage, ABS, ESP und Airbags. Europa ist insofern durch die Stresstests ein Stück sicherer geworden.

Siebter Akt: Der Rückbau
Am Untermain, dem Geburtsort der deutschen Kernenergie, ist die Geschichte der Kernenergie hingegen heute schon beendet. Nach 25 Betriebsjahren stellte das Kraftwerk in Karlstein im Jahr 1985 seinen Betrieb ein, die letzten Rückbauarbeiten wurden im Jahre 2008 abgeschlossen. Weitere Anlagen wie etwa Würgassen, Stade oder Greifswald sind ebenfalls längst Geschichte. Die Moratoriumsanlagen sind demnächst an der Reihe. Ab 2022 wird auch das letzte Atomkraftwerk abgebaut.

Kann man ein Atomkraftwerk einfach abschalten und demontieren? Man kann, allerdings dauert das aufgrund der erforderlichen Behandlung und Einlagerung der kontaminierten Teile und der rechtlichen Voraussetzungen etwas länger. Nach der Entscheidung, bei einem Atomkraftwerk endgültig den »Stecker zu ziehen«, folgt zunächst eine »Nachbetriebsphase«, die zwischen eineinhalb und vier Jahren dauert. In dieser Zeit nimmt die weiterhin entstehende Wärme der Brennelemente durch Zerfall ab, der Reaktor wird »kalt« und die Komponenten werden für den Rückbau vorbereitet, d. h. es erfolgen bereits erste Dekontaminationsmaßnahmen. Die Nachbetriebsphase ist wichtig und erhöht die Sicherheit. Forderungen, gleich nach dem Ausstieg mit den Abbrucharbeiten zu beginnen, sind nicht zielführend. Den Rückbau selbst kann man sich wie den Bau eines Atomkraftwerks vorstellen, nur rückwärts, er ist ähnlich kompliziert und für viele Schritte bedarf es einer vorherigen Genehmigung.

Eine der ersten, zentralen Genehmigungen, betrifft die Stilllegung. Für die Kernkraftwerksblöcke Philippsburg I und Neckarwestheim I hat EnBW im Mai 2013 beispielsweise die Stilllegungsgenehmigung und die erste Abbaugenehmigung beantragt. Deutschland sieht den direkten, vollständigen Rückbau vor, d. h. die Widerherstellung der »grünen Wiese« ist das Ziel. Andere Länder sprechen von sicherem Einschluss, einer »Mann-mit-Hund-Lösung«: Hier werden die Anlagen physisch verschlossen, entweder für einen Zeitraum von etwa 50 Jahren, in denen durch Zerfall die Strahlung der kontaminierten Teile abnimmt oder aber für immer. Dauerhafte Bewachung durch »Mann und Hund« ist hier ein Muss.

Wer bezahlt den Rückbau? Die Kernenergiebetreiber sind verpflichtet, für den Rückbau sogenannte Kernenergierückstellungen zu bilden, die seit Langem Gegenstand von Debatten zwischen Politikern, Behörden, EU-Kommission und NGOs darstellen. Der beschleunigte Atomausstieg führt dazu, dass die Rückstellungen nun intensiver diskutiert werden. Wichtig bei dem Prozess ist für alle Beteiligten Planungssicherheit. Alternativ zur bestehenden Regelung werden im politischen Raum verschiedene Modelle diskutiert. Exemplarisch ist zum einen die Bildung eines Fonds, in dem das erforderliche Kapital eingezahlt wird oder zum anderen die Übertragung der Rückbauverpflichtung in eine Stiftung zu nennen. Die Diskussion über das weitere Vorgehen dauerte bei Drucklegung des Buches noch an.

Achter Akt: Wohin mit dem Müll?

Wie bei anderen Stromerzeugungsarten entstehen auch in einem Kernkraftwerk Nebenprodukte. Anders als etwa im Kohlekraftwerk sind Schadstoffe aus dem Schornstein jedoch kein Thema – es entweicht reiner Wasserdampf. Auch beim Thema CO_2 schneiden Kernkraftwerke vergleichsweise gut ab. Aufwändig sind hingegen die Entsorgung des radioaktiven Restmaterials aus den Brennelementen und die dauerhafte Einlagerung der kontaminierten Teile nach einem Rückbau. Die rein technische Seite ist dabei die wesentlich unproblematischere. Radioaktiver Abfall – ob aus Kernkraftwerken, der Industrie, Medizin oder dem Uranbergbau – wird nicht einfach versiegelt und vergraben. Er durchläuft eine Serie von Aufbereitungsschritten. Im Wesentlichen gilt es dabei, zwei Anforderungen zu erfüllen: Erstens wird ein chemisch stabiler Zustand hergestellt, der weitere Reaktionen ausschließt. Zweitens sorgt man dafür, dass die Abfallprodukte kaum mehr in Wasser löslich sind. Somit sind die Reststoffe auch für den Fall, dass Containerbehälter beschädigt werden, gegen Lösung durch Wasser mit allen negativen Folgen geschützt. Aufgrund der langen Halbwertszeiten der Reststoffe ist dies ein Punkt, der auch bei der Frage nach geeigneten Lagerstätten eine wichtige Rolle spielt.

In der Diskussion um mögliche Endlager in Deutschland stehen drei Orte immer wieder im Rampenlicht, die sich alle in Niedersachsen befinden. Es sind das Forschungsbergwerk Asse, der Schacht Konrad sowie das Endlager Gorleben. Wodurch zeichnen sich diese Standorte aus und was genau wird dort untersucht? Diese Frage führt uns zurück in die Gründungszeit der Grünen. Auf der Grundlage von umfangreichen wissenschaftlichen Studien seit den 1960er Jahren benannte der damalige niedersächsische Ministerpräsident Ernst Albrecht 1977 Gorleben als vorläufigen Standort für ein nationales Entsorgungszentrum, die sozialliberale Bundesregierung beschloss daraufhin, die Erkundung als Endlager. Der beschauliche Ort nahe der ehemaligen deutsch-deutschen Grenze verfügt über einen bis in mehrere hundert Meter Tiefe vordringenden Salzstock, in dem keine Wasserbewegungen stattfinden, der nach Angaben der Experten tektonisch stabil ist und außerdem über eine massive Deckschicht zur Landoberfläche verfügt. Eine Vielzahl von Bohrungen am Salzstock Gorleben hat diese und weitere Fragen seither unter-

sucht. Unter der rot-grünen Bundesregierung wurde im Oktober 2000 ein zehnjähriges Moratorium für die Erkundung beschlossen, um weitere Sicherheitsfragen zu klären. Diese Prüfung wurde positiv abgeschlossen, d. h. theoretisch stünde einer weiteren Erkundung nichts im Wege – trotzdem ist das Moratorium, also ein Stopp, bisher nicht aufgehoben worden. Mit dem Endlagersuchgesetz, das 2013 verabschiedet wurde, wurde mit breiter politischer Mehrheit vereinbart, dass die Suche weitergehen soll …
Oberirdisch befindet sich noch immer das Zwischenlager Gorleben, das zurzeit knapp einhundert Castorbehälter beherbergt, die nach der Aufbereitung im französischen La Hague auf Einlagerung warten. Weitere Zwischenlager befinden sich direkt an den Kernkraftwerken.

Was unterscheidet Gorleben von einem Flughafen?
Die Betriebsgenehmigung. Oftmals wird der Vergleich bemüht, das Flugzeug Kernenergie sei gestartet, ohne das ein Flughafen, also ein Endlager gebaut wurde. Mit Gorleben gibt es einen Flughafen mit Landebahnen, der allerdings keine Betriebsgenehmigung besitzt. Weitere »Flughafenstandorte« sollen nun erkundet werden, bevor gelandet werden darf. Das Endlagersuchgesetz sieht vor, bis 2032 nach anderen, günstigeren Plätzen für den neuen Flughafen zu suchen. Das bedeutet, über Jahrzehnte hinweg, das der Verkehr über »Behelfsflugplätze«, den Zwischenlägern, abgewickelt werden muss. Und auch das ist nicht sicher, denn Anfang 2013 hat das OLG Schleswig beispielsweise entschieden, dass dem Zwischenla-

ger Brunsbüttel die Betriebsgenehmigung entzogen wird. Sicher ist: Der Atommüll muss dauerhaft und sicher verwahrt werden, d. h. man benötigt ein Endlager für hochradioaktive Abfälle; der Export von Atommüll ist keine Alternative. Bisher wird mit Behelfslösungen gearbeitet.

Wie sieht ein Atommüll-Zwischenlager aus? Unter der rot-grünen Regierung hat der damalige Umweltminister Trittin gedroht, keine Atomtransporte mehr zu genehmigen – die Atomkraftwerke wären durch den eigenen Müll »verstopft« worden, d. h. Ende des Betriebs bei vollem Abklingbecken. Im Atomkonsens wurde der Bau von Zwischenlagern auf den Kraftwerksgeländen vorgesehen, sehr stabilen und großen »Turnhallen«, in denen die ursprünglich für Gorleben vorgesehenen Castoren »zwischengelagert« werden.

Einen großen Schritt weiter auf der Suche nach einer sicheren Einlagerung für schwach- und mittelradioaktive Abfälle ist man nahe Salzgitter. Das ehemalige Eisenerz-Bergwerk »Konrad« verfügt über zwei Schächte, die bis in über 1200 Meter Tiefe vordringen. Ähnlich wie Gorleben ist der Schacht Konrad sehr trocken. Anders als in Gorleben ist jedoch der Weg durch die Ämter und Gerichte beendet. Das Planfeststellungsverfahren wurde im Jahr 2002 nach 20 Jahren Laufzeit abgeschlossen, im März 2007 wies das Bundesverwaltungsgericht in Leipzig die letzten anhängenden Klagen ab. Damit ist die Endlagerfrage für Abfälle mit schwacher Wärmeentwicklung, den schwach- und mittelradioaktiven Abfällen, gelöst. Diese machen zwar 90 Prozent aller in Deutschland anfallenden Reststoffe aus, sie sind aber auch weit weniger problematisch als das übrige Zehntel. Ein Standort für hochradioaktive Abfälle wird das Bergwerk daher nicht.

Auch dem Forschungsbergwerk Asse unweit des Schachtes Konrad steht keine Zukunft als Endlager bevor. Mit Beginn der Atomenergienutzung in Deutschland sollten dort die Grundlagen für mögliche Endlagerstätten erforscht werden. Tatsächlich wurde der Salzstock Asse über 16 Jahre lang auch für die Einlagerung hoch radioaktiver Reststoffe getestet. Kopfzerbrechen bereitet das Wasser. Es stellte sich heraus, dass die Festigkeit der Salzschichten das Eindringen von Wasser über lange Zeiträume nicht verhindern kann. Die Schließung des Forschungsbergwerks ist daher beschlossene Sache und wird seit 2009 vom Bundesamt für Strahlenschutz als neuem Betreiber verantwortet. Die Sanierung, den eingelagerten Müll wieder ans Tageslicht zu holen, ist aufwendig. Auch Morsleben, das ehemalige Atommülllager der früheren DDR, ist keine Alternative, da es bereits stillgelegt wurde.

Fakt ist, dass radioaktiver Müll aus Kernkraftwerken, Medizin, Industrie und Forschung angefallen ist, für den eine Lösung gefunden werden muss; die Zwischenlagerung ist keine dauerhafte Lösung. Die Endlagerfrage beschäftigt übrigens alle Nationen, in denen Strahlenmüll anfällt. Schweden beispielsweise hat ein entsprechendes Lager geschaffen und sieht dieses neben der sicheren Verwahrung auch als ein »Vorratslager«. Denn wenn die Uranpreise in die Höhe gehen sollten, könnte sich die Wiederaufbereitung lohnen und sich ein Zwischenlager als Uranmine der Zukunft entpuppen.

Deutschland hat mit dem Standortauswahlgesetz von Mitte 2013, also rund 36 Jahre nach der Benennung von Gorleben als Standort, entschieden, die Suche nach einem Endlager fortzusetzen. Die Findung soll im Konsens mit Bund, Ländern, Gesellschaft und Bürgern erfolgen. Der Zeitplan sieht vor, bis 2023 Standorte gefunden zu haben, die dann bis 2031 auch erkundet werden sollen. Es ist also damit zu rechnen, dass die Suche nach einem Endlager – sofern der Zeitplan eingehalten wird – mit rund 60 Jahren länger dauern wird, als die Nutzung der Kernenergie in Deutschland.

Zusammenfassung

- Energiekrise und Ölpreisschock in den 1970ern beflügelten den Bau von Atomreaktoren zur Stromgewinnung in nahezu allen Industrieländern.
- Der Aufbau der deutschen Atomwirtschaft war nach der Ölkrise Anfang der 1970er Jahre politisch gewollt, um Deutschland von Energieimporten unabhängiger zu machen.
- Die friedliche Nutzung der Kernenergie wurde in Deutschland von massiven Protesten begleitet, neuere Technologien, wie z. B. die Wiederaufbereitungsanlage in Wackerdorf, sind aus politischen und wirtschaftlichen Gründen nicht weiter verfolgt worden.
- Die Reaktorkatastrophe von Tschernobyl, der größte anzunehmende Unfall (GAU) wurde auf der INES Skala als »katastrophaler Unfall« mit dem Höchstwert »7« auf der Skala bewertet. Nach Tschernobyl erfolgte keine Neuplanung bzw. Neubau von Kernkraftwerken mehr in Deutschland.
- Kernkraftwerke leisteten in Deutschland fast die Hälfte der Grundlast, welche permanent zur Leistungsdeckung benötigt wird. Sie zeichneten sich zudem durch eine sehr CO_2-arme Verstromung und günstige Brennstoffkosten aus.
- Die rot-grüne Bundesregierung beschloss 2002 einen geordneten Atomausstieg in Form von »Reststrommengen«.
- Nach Überlegungen einer Laufzeitverlängerung im Oktober 2010 durch eine schwarz-gelbe Bundesregierung wurde von derselben Regierung nach der Reaktorkatastrophe von Fukushima im Juni 2011 der Ausstieg aus der Atomkraft bis zum Jahr 2022 beschlossen. Der Atomausstieg fand im Bundestag eine breite Mehrheit.
- Mit dem Atomausstieg wurden in 2011 sieben ältere Atomkraftwerke und Krümmel als so genannte »Moratoriumsanlagen« mit sofortiger Wirkung stillgelegt.

- Mögliche Schadensersatzansprüche der Betreiber gegen den Bund werden derzeit verfassungs- und schiedsgerichtlich gerichtlich geprüft.
- Die Sicherheit der deutschen Anlagen befindet sich auf europa- und weltweit hohem Niveau. 100 Prozent der meldepflichtigen Ereignisse in deutschen Kernkraftwerken entfielen im »Fukushima-Jahr« 2011 auf die unterste Stufe »Null«.
- Die Endlagerfrage ist politisch mehr denn je durch das »Endlagersuchgesetz« weiter ungelöst. Unabhängig vom Atomausstieg fallen auch in der Industrie, Forschung und Medizin radioaktive Reststoffe an, für die eine sichere Lagerung erforderlich ist.
- Ungeachtet des deutschen Ausstiegs geht die Tendenz international klar in Richtung einer verstärkten Nutzung der Kernenergie. Auch europäische Staaten wie Frankreich, Finnland, Großbritannien, Tschechien, Polen, Italien und die Niederlande planen den Ausbau der Kapazitäten.

4.3 Zehn Minuten Kohle und Gas

Geht es ohne CO_2?
Nach Planung der Bundesregierung sollen erneuerbare Energien bis 2025 einen Anteil an der Stromversorgung von 40–45 %, bis 2035 von 55–60 % erreichen und in der Mitte des Jahrhunderts den Hauptteil der Energieversorgung in Deutschland abdecken. Im Umkehrschluss bedeutet dies, dass neben der noch laufenden Kernenergie auch die bisherigen noch verbleibenden Säulen der deutschen Stromerzeugung, nämlich Braun- und Steinkohle sowie Gaskraftwerke, Auslaufmodelle sind. Die Bundesregierung plant mit der Novellierung des Klimagesetzes, dass die Energieerzeuger zusätzlich 22 Mio. t CO_2 einsparen – die Versorger sollen die Menge frei auf mögliche Anlagen verteilen »dürfen«. Die Ein-

führung von verpflichtenden Minderungen und deren »freie« Verteilung auf Anlagen erinnert ein wenig an die von rot-grün ursprünglich im Atomausstieg beschlossenen Reststrommengen, die ebenfalls von den Unternehmen auf die Anlagen verteilt werden durften. Und ewig grüßt die Restlaufzeit?

Kohle und Atom werden oftmals als »Brückentechnologien« beschrieben, die so lange am Netz bleiben sollten, bis die erneuerbaren Energien den größten Teil der Stromerzeugung sicherstellen können. Für die »Kernenergiebrücke« hat die Politik die Entscheidung per Gesetz getroffen – im Jahr 2022 wird das letzte Teilstück stillgelegt, d. h. der letzte Atomreaktor geht in Deutschland vom Netz.

Fällt eine von zwei Brücken aus, muss über die verbleibende Brücke noch viel mehr Verkehr (oder Strom) geleitet werden, so dass nach Ansicht vieler Experten die »Kohlebrücke« länger und breiter sein wird, als ursprünglich geplant. Das bedeutet im Ergebnis: Mehr Kohleverstromung durch bestehende Kohlekraftwerke, was in den Jahren 2013 und 2014 deutlich wurde, die »als die besten in der Geschichte der Braunkohleverstromung in Deutschland« gelten.

Für viele Investoren ist der Bau von vergleichsweise teuren, neuen Kohlekraftwerken durch zu niedrige Strompreise am Großhandelsmarkt, die Unsicherheit über den CO_2-Preis und Bürgerproteste aber derzeit kein Thema. Daher hat das Bundeswirtschaftsministerium bereits vor Jahren mit einer Imagekampagne unter dem Slogan »Kraftwerke – Ja bitte« für die konventionelle Erzeugung geworben. Ohne neue Kohlekraftwerke, so die Befürchtung der Politik, können die wegfallenden Kapazitäten aus der Kernkraft nicht ersetzt und das Netz nicht ausreichend stabilisiert werden.

Die Nervosität wächst. Denn es wird offenbar, dass mit dem Atomausstieg rund ein Drittel der deutschen Erzeugungsleistung und fast die Hälfte der Grundlasterzeugung innerhalb von 10 Jahren vom Netz genommen werden, ohne dass die Lücke gesichert »mit einem Masterplan« geschlossen

Abbildung   Bruttostromerzeugung in Deutschland 2014

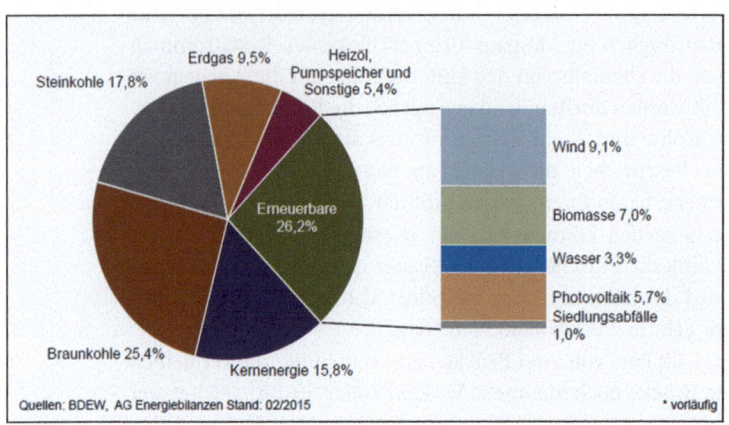

wird. Kontrovers diskutiert werden die Fragen, wie viel Strom aus Kohle und Gas Deutschland trotz oder gerade wegen der Energiewende (noch) benötigt, ob überhaupt noch genug und vor allem rechtzeitig in konventionelle Energien investiert wird und wer überhaupt investieren wird? Das Wirtschaftsministerium hat kurz nach der Energiewende ein Kraftwerksforum eingerichtet, in dessen Rahmen sich alle sechs Monate Experten aus Politik, Energiewirtschaft und Umweltverbänden über diese Fragen austauschen. Das Wirtschaftsministerium ist überzeugt, dass in Deutschland konventionelle Kraftwerkskapazitäten in Höhe von 10 000 MW neu geplant oder hergestellt werden, was ungefähr zehn Kernkraftwerken entspricht. Bis zum Jahr 2020 sollen weitere 10 000 MW hinzukommen. Dies ent-

> »Man kann nicht zeitgleich aus der Atomenergie und der Kohleverstromung aussteigen. Wer das will, sorgt für explodierende Stromkosten, Versorgungsunsicherheit und die Abwanderung großer Teile der deutschen Industrie«
> Bundeswirtschaftsminister Gabriel, November 2011, Quelle: Der Spiegel

spricht in etwa der Leistung aller Atomkraftwerke in Deutschland.

Für die Bundesnetzagentur, die für die Aufrechterhaltung der Versorgungssicherheit und Stabilität des Netzes maßgebliche Verantwortung trägt, zählen die Fakten. Diese Fakten werden von der Bundesnetzagentur in einer »Kraftwerksliste«, die monatlich aktualisiert wird, erfasst – es werden sowohl der zu erwartende Zubau als auch den Rückbau der Erzeugungskapazitäten im Zeitraum 2014–2018 beschrieben. Aus den Zahlen wird deutlich, dass derzeit immerhin noch neue Kraftwerksprojekte mit fast 8 500 MW realisiert werden sollen, wobei in der Aufstellung auch einige »große« Anlagen enthalten sind, bei denen nicht sicher ist, ob sie überhaupt oder wann sie ans Netz gehen. Dabei muss auch berücksichtigt werden, dass die Neuerrichtung viel mehr Zeit kostet als das Abschalten – in der Zubauliste sind mithin viele Kraftwerke enthalten, die seit langem geplant sind und deren Komponenten auch bereits mit viel Vorlauf bestellt wurden. Erweitert man den Zeitraum bis 2020 sieht die Welt schon etwas anders aus: Zum einen verzögern sich viele Projekte durch genehmigungsrechtliche Fragen, wie z. B. das Steinkohlekraftwerk Datteln 4 in Nordrhein Westfalen, zum anderen durch technische Schwierigkeiten, bedingt durch die Eigenschaften neuer Stähle, welche benötigt werden, um aufgrund ihrer höheren Temperaturbeständigkeit die größere Effizienz des jeweilgen Kraftwerks sicherstellen.

> Es gibt einfach keine Investitionsanreize, auch wenn die Politik immer betont, dies ändern zu wollen. Das Gegenteil ist mit den bisher bekannt gewordenen Plänen der Fall«
> Hildegard Müller, Hauptgeschäftsführerin des BDEW, 2015

Das Kraftwerk Datteln 4 ist in zweierlei Hinsicht ein Symbol geworden: Für die Umweltschützer bedeutet es einen Sieg gegen einen großen Energieversorger, für die Investoren ist es Zeichen der Verhinderung von wirtschaftlichen Großprojekten (Vetokratie) in Deutschland. Seit 2007 wird das Steinkohlekraftwerk Datteln 4, mit dem alte Kohlekraftwerke ersetzt werden sollten, gebaut. Das Oberverwaltungsgericht Münster hatte kurz vor Fertigstellung einer Klage des Bund Umwelt und Naturschutz stattgegeben, den Bebauungsplan für ungültig erklärt und damit einen faktischen Baustopp verhängt – damit stand ein Projekt auf der Kippe, in das bereits etwa 1 Mrd. € investiert wurden. Zwischenzeitlich ist ein neuer Bebauungsplan in Kraft getreten.

Nach Informationen des BDEW fehlt bei inzwischen rund 53 Prozent aller geplanten Neubauprojekte eine konkrete In-

> **Reservekraftwerke oder »Notkraftwerke«:**
> Anlagen, die nur auf Anforderung der Übertragungsnetzbetreiber zur Aufrechterhaltung der Versorgungssicherheit zugeschaltet werden. Hierbei handelt es sich um Kraftwerke, die ursprünglich der Kaltreserve zugeordnet waren, aber sofort »auf Knopfdruck« liefern können. Oft sind es unwirtschaftliche Altkraftwerke, die z. B. mit Öl betrieben werden. Sie gelten aufgrund ihrer Bedeutung als »systemrelevant«. Die entstehenden (hohen) Kosten werden auf die Netznutzer, also alle Kunden, umgelegt.

vestitionsentscheidung und die Zahl der in Frage gestellten Umsetzungen steigt von Jahr zu Jahr: In 2013 war die Realisierung von 22 Projekten unsicher, in 2014 waren es 32 und bereits 39 in diesem Jahr. Der »Rückbau« umfasst derzeit mehr als 12 000 MW, so dass hinsichtlich der benötigten konventionellen Erzeugungskapazitäten eine Lücke entsteht. Erschwerend kommt hinzu, dass viele Kraftwerke an Industriestandorten gebaut werden, weil dort Wärme- und Dampf benötigt wird. Dies bedeutet, dass Industriekraftwerke an- und abgeschaltet werden, wenn Dampf und Wärme benötigt werden und nicht, wenn es an Strom im allgemeinen Netz mangelt – Strom ist hier »nur« ein Nebenprodukt.

Interessant ist auch die geographische Betrachtung der Zu- und Rückbauten. Im Besonderen sind die süddeutschen Bundesländer Bayern und Baden-Württemberg vom Atomausstieg besonders betroffen, weil hier proportional der Anteil der Kernenergie größer war als im Westen, Norden und Osten Deutschlands – in Süddeutschland werden bis 2015 voraussichtlich rund 2000 MW ans Netz gehen und mehr als

3500 MW vom Netz gehen, was einen negativen Saldo von über 1500 MW bedeutet. Hinzu kommt die Erzeugungsleistung der bereits abgeschalteten Atomkraftwerke in Süddeutschland von gut 2500 MW. Zusammen mit diesen bereits fehlenden Kapazitäten besteht in Süddeutschland innerhalb der nächsten 2 Jahre eine Kapazitätslücke von weit über 4000 MW. Die Politik scheint alarmiert.

Die Zielvorgabe der Bundesregierung, im Jahr 2050 insgesamt 80 % der Stromerzeugung aus erneuerbaren Energien abzudecken, ist damit verbunden, dass die anderen Energieerzeugungsarten bis dahin vom Netz gehen müssen. Mit dem Atomausstieg wird festgelegt, dass in Deutschland ab 2022 kein Kernkraftwerk mehr betrieben werden darf. Gleichzeitig betont die Bundesregierung, dass eine Säule der Energiewende der Ausbau der konventionellen Erzeugung ist, was bedeutet, dass in den kommenden Jahren neue Kohle- und Gaskraftwerke erforderlich sind.

Bereits die Abschaltung von sieben Kernkraftwerksblöcken im Jahr 2011 hat zu einer Renaissance der Kohleerzeugung oder einer »Rekarbonisierung« der deutschen Stromversorgung geführt. Paradoxerweise wurde trotz des Emissionshandels in den letzten zwei Jahren so viel Kohlestrom wie noch nie in Deutschland produziert, Tendenz steigend. Im Gegensatz dazu ist der Anteil der Gaserzeugung massiv zurückgegangen, viele Gaskraftwerke waren weniger als 200 Stunden (von rund 8500 Stunden) pro Jahr am Netz. Ist die Energiewende nach dem Verbot der Kernkraft ein Förderprogramm für die als schmutzig angesehenen Kohlekraftwerke und ein Abbauprogramm für Gaskraftwerke? Nachfolgend werden die Erzeugungsarten Kohle und Gas erklärt und einer Prüfung ihrer Bedeutung für die Energiewende unterzogen.

Kraft aus der Kohle

Kohle war die Grundlage der industriellen Revolution, die ganze Gesellschaften verändert hat und ohne die eine globalisierte und vernetzte Welt, wie wir sie heute kennen, nicht möglich gewesen wäre. Ohne Kohle, den Brennstoff zum Betrieb von Dampfmaschinen, hätten sich im wahrsten Sinne des Wortes nichts und niemand bewegt. Das gilt auch für die Elektrifizierung: Bereits in den frühen Tagen wurden Dampfmaschinen verwendet, um Generatoren anzutreiben. Das erste Dampfmaschinen-Kraftwerk baute Thomas Edison, der Erfinder der Glühbirne, 1882 in New York. Die Entwicklung haben auch Erfinder wie James Watt oder Isaac Newton vorangetrieben, die uns heute immer noch in physikalischen Einheiten begegnen. Und auch heute wäre die weltweite Stromversorgung ohne Kohle, die einen Anteil von etwa 40 Prozent aufweist, nicht möglich. Auch in Bezug auf den globalen Primärenergieverbrauch ist Kohle mit einem Anteil 30 % nach Erdöl einer der zentralen Energieträger. Durch den Zubau von zahlreichen Kohlekraftwerken, insbesondere in den sich entwickelnden Ländern wie z. B. China, setzt sich dieser Trend ungeachtet der Klimaschutzbemühungen fort.

Wie lange reichen die Kohlevorräte noch?
Der Streit um Reserven und Ressourcen

Bei einer konstanten Förderung rechnet das Bundesamt für Geowissenschaft und Rohstoffe damit, dass die weltweiten Reserven an Steinkohle (Hartkohle) noch 125 Jahre reichen, die Braunkohlereserven (Weichkohle) sogar über 200 Jahre. Ende 2012 konnten weltweit rund 1 052 Gt (Gigatonnen) Kohle nachgewiesen werden. Zum Vergleich: Im Jahr 2012 wurden 7 941 Mio. t abgebaut, soviel wie nie zuvor.

Diese Zahlen sind jedoch keineswegs statisch zu betrachten. Denn die Entwicklung des Weltmarktpreises hat starken Einfluss auf die Ausweitung der Förderung. Daher müssen bei

Abbildung Vergleich der weltweiten Fördermenge fossiler Energierohstoffe der Jahre 2000 und 2012

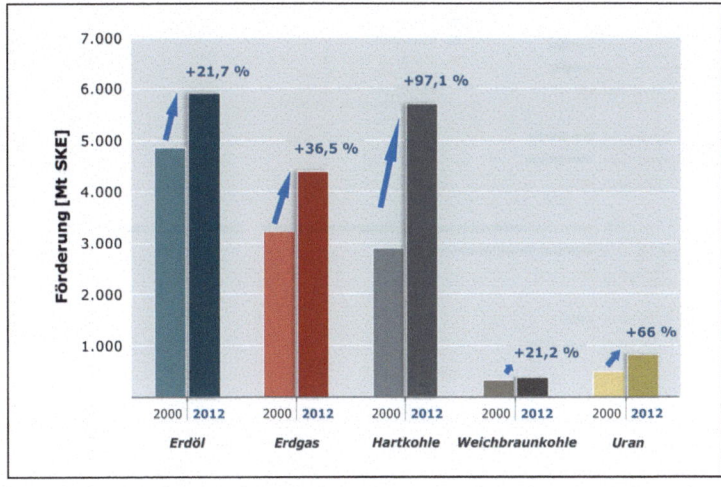

Quelle: Energiestudie 2013, Bundesregierung, Abb. 5

jeder Reichweitenbetrachtung *Reserven* von *Ressourcen* unterschieden werden. Reserven sind die bekannten Vorkommen, unter Ressourcen versteht man noch nicht erschlossene Vorkommen oder solche, deren Abbau sich erst bei anziehenden Preisen lohnt. Schätzungen zeigen, dass diese Ressourcen die bereits erschlossenen Steinkohle-Reserven um das Zwanzigfache übersteigen. Die Reichweite von Energieträgern ist somit immer eine Frage des Preises, was im Jahr 2008 dadurch anschaulich wurde, als Firmen bei einem hohen Erdölpreis unter großem Aufwand begannen, Ölsand in Kanada als Ölquelle zu verwenden (und zwischenzeitlich diese Methode aufgrund sinkender Preise wieder deutlich zurückgefahren haben).

Abbildung Angebotssituation nicht-erneuerbarer Energierohstoffe Ende 2012

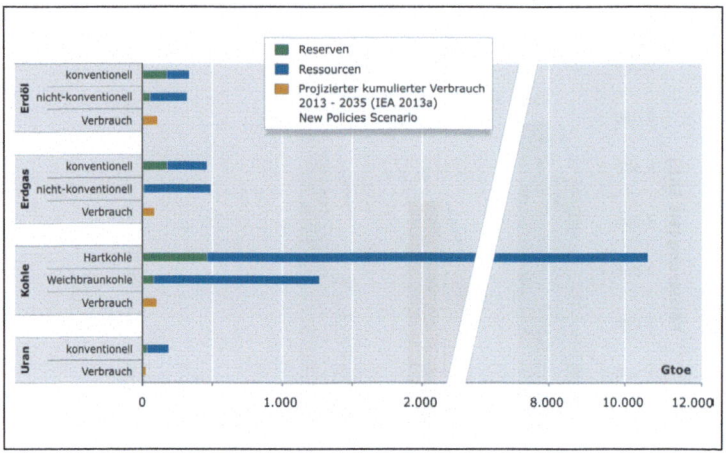

Energiestudie 2013, Bundesregierung, Abb. 11

Die langfristige Verfügbarkeit von Kohle und der Abbau in überwiegend politisch stabilen und sicheren Ländern wie Südafrika, Australien oder Kanada macht Kohle als Energieträger attraktiv. Anders sah die Lage bei Öl und Gas aus: Mehr als 60 % Prozent der globalen Erdgas- und Erdölreserven, die heute wirtschaftlich gefördert werden können, konzentrieren sich auf die politisch instabile strategische Ellipse, welche sich von Westsibirien über die kaspische Region bis hin zur Arabischen Halbinsel erstreckt.

Der Anteil der deutschen Kohleverstromung ist im Vergleich zu einigen anderen Ländern höher, weil Braun- und Steinkohle neben bereits erschöpften Uranbergwerken und geringer werdenden Gasvorkommen die einzigen heimischen Primärenergieträger darstellen. Weltweit setzen auch die aufstrebenden Volkswirtschaften auf diese relativ günstige und jederzeit verfügbare Art der Energieerzeugung. In China geht sogar in Zeiten sinkender Wachstumsraten immer noch fast jede Woche ein neues mittelgroßes Kohlekraftwerk ans Netz, auch Indien und die USA investieren kräftig. Nach einer Analyse des World Resources Institute in Washington, die Ende 2011 erstellt wurde, sind weltweit knapp 1 200 neue Kohlekraftwerke mit einer Leistung von 1 400 000 MW geplant, davon jeweils über 556 000 MW in China und weitere 519 000 MW in Indien.

Steinkohle vs. Braunkohle
Steinkohle verfügt über einen höheren Kohlenstoff- und somit auch über einen höheren Energiegehalt als Braunkohle. Bei ihrer Verbrennung wird zudem weniger CO_2 frei als bei der weicheren Braunkohle. Braunkohle ist dagegen preisgünstiger als Steinkohle. Während Steinkohle leicht zu transportieren ist, wird Braunkohle meist nah am Gewinnungsort verbraucht.

Sieht man den massiven Zubau in den sich entwickelnden Ländern, deren Bevölkerungen sich ihren Teil des Wohlstandskuchens abschneiden wollen, können und dürfen die Umweltauswir-

Abbildung Grundprinzip Kohlekraftwerk

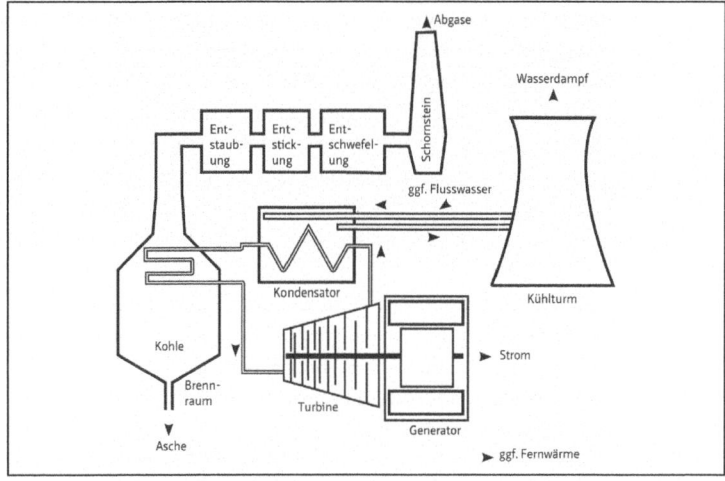

Quelle: GNU

kungen nicht ausgeblendet werden. Experten rechnen – auch aufgrund der steigenden Kohleverstromung – mit einer Zunahme der CO_2-Emissionen um 20 % bis 2020.

Machen wir unsere Erde zum Kettenraucher?

Wer sich schon einmal am Lagerfeuer gewärmt hat, weiß: Legt man trocken gelagertes Holz auf und fächert Luft zu, lodern die Flammen fast ohne zu qualmen. Sammelt man schmutzige Äste im Wald und verbrennt diese, sollte man nicht unbedingt in Windrichtung sitzen. Ähnlich verläuft es im Kraftwerk: Bestünde Kohle aus reinem Kohlenstoff, würde einzig CO_2 aus den Schornsteinen treten. Da dies jedoch nicht der Fall ist, entsteht bei der Verbrennung neben Kohlendioxid auch eine Reihe von Schadstoffen. Diese werden als Immissionen bezeichnet. Sie können sich unmittelbar negativ auf die Region auswirken, wenn sie nicht aus dem Rauchgas abgetrennt werden. Moderne und »nachgerüstete« Kraftwerke reinigen das Rauchgas fast vollständig von Schwefel, Stickoxiden und Staub, zum Teil deutlich über 95 Prozent. Anders als in vielen Industrieländern sind Umweltschutzauflagen in den sich entwickelnden Volkswirtschaften unterschiedlich stark ausgeprägt, da Umweltschutz Investitionen erfordert.

> **Funktion eines Kohlekraftwerks**
> Wasser wird in einem Kessel erhitzt, Druck entsteht, Wasserdampf wird auf die Turbine geleitet, die den Generator zur Stromerzeugung antreibt. Danach wird der Dampf kondensiert und zum Kessel rückgeführt. Das bei der Verbrennung entstehende Rauchgas wird von Staub, Schwefel und Stickstoffen befreit und entweicht aus dem Schornstein.

Die umweltpolitische Achillesferse der Kohleverstromung sind aber derzeit die vieldiskutierten CO_2-Emissionen. Dabei ist es unerheblich, ob Kohlendioxid in Deutschland, Südamerika, Japan oder Malta emittiert wird, da es in Summe das Weltklima negativ beeinflussen kann.

Oftmals wird CO_2 als »Gift« dargestellt und zusammen mit den oben genannten Luftschadstoffen in einem Atemzug genannt. Dabei bildet es die Grundlage für einen der wichtigsten Naturkreisläufe, nämlich lebenswichtigen Kohlenstoff zwischen Luft, Boden und Wasser zu transportieren. Kurz: Keine Photosynthese ohne Kohlendioxid, kein Leben ohne Kohlendioxid. Kritisch sind allerdings die durch die Verbrennung von Kohle entstehenden Mengen von CO_2, welche in die Atmosphäre aufsteigen und dort den Treibhauseffekt verursachen: Kurzwellige Sonnenstrahlung kann die CO_2-Schicht fast ungehindert passieren. Die langwellige Strahlung aber, d.h. die von der Erdoberfläche wieder abgegebene Wärmestrahlung, wird zurückgestoßen. Folge: Es wird unten auf der Erde bei uns wärmer.

Um diesen Prozess zu verlangsamen, versuchen Anlagenbauer zunächst, aus jedem eingesetzten Kilogramm Kohle noch mehr Energie herauszuholen, also den Wirkungsgrad eines Kraftwerks zu verbessern. Der Wirkungsgrad beschreibt das Verhältnis von Nutzen zu Aufwand, also, welcher Anteil der Energie tatsächlich dem beabsichtigten Zweck dient, kurz: Wie viel oder wie wenig Kohle muss in einem Kraftwerk eingesetzt werden, um eine kWh zu erzeugen oder mit wieviel Liter Superbenzin kann ein Auto 100km fahren. Zum Vergleich: Die von James Watt optimierte Dampfmaschine hatte einen Wirkungsgrad von etwa 3 %, das Licht einer Glühbirne kommt auf 5 %, ein Kamin erreicht etwa 20 % Heizenergie für einen Raum, sehr gute Automotoren schaffen bereits etwa 30 %, alte Kohlekraftwerke liegen zwischen 30–40 % und moderne Kohlekraftwerke liegen bei fast 50 %.

Da ist noch viel Luft nach oben, könnte man meinen, das Gegenteil ist jedoch der Fall: Den Verbrauch eines Kleinwagens in der historischen Entwicklung von neun auf sieben Liter Benzin zu drücken war eine einfache Übung, verglichen mit dem Vorhaben, ein Fünf-Liter-Auto in ein Drei-Liter-Auto zu verwandeln – bei gleicher Größe, Leistung und erhöhtem Komfortniveau. Ähnlich ist es mit Kraftwerken: Eine Effizienzsteigerung von Kohlekraftwerken der neusten Generation mit einem Wirkungsgrad von 46 Prozent auf einen Wirkungsgrad von über 50 Prozent bei den Kraftwerken der nächsten Generation gleicht einer Revolution, die nach ganz neuen Werkstoffen verlangt. Durch die notwendigen extrem hohen Dampftemperaturen von 700 Grad Celsius drehen sich Turbinenschaufeln bei annähernder Schallgeschwindigkeit rot glühend, Temperaturunterschiede von mehreren hundert Grad belasten alle Bauteile enorm – und trotz dieser riesigen Kräfte und der normen Hitze müssen die Anlagen locker zweihunderttausend Betriebsstunden durchhalten.

In der Verbesserung von Wirkungsgraden liegt also bereits ein großes Stück Klimaschutz: Neue Kohlekraftwerke stoßen 20 bis 30 Prozent weniger Kohlendioxid aus als alte. Eine neue Anlage mit 1 000 MW Leistung spart etwa den CO_2-Ausstoß von 700 000 Mittelklasse-Pkw im Jahr. Nicht zu leugnen ist aber auch, dass weiterhin Emissionen von mehreren hunderttausend Fahrzeugen entstehen. Es ist im wie im Verkehr: Verbrauchsarme Autos sind besser als alte Spritschlucker, Emissionen gibt es trotzdem, auch bei den 4-Liter-Autos.

CO_2 – ab unter die Erde

Daher machen sich viele Forscher derzeit Gedanken, wie die noch entstehenden Emissionen von der Atmosphäre freigehalten werden könnten, was durch die »CCS-Technik« (Carbon Capture and Storage) erreicht werden soll. Was versteht man darunter? Zunächst wird das CO_2 abgetrennt, verdichtet, transportiert und dann sicher gespeichert.

Dieser Prozess verschlingt allerdings wiederum Energie, wodurch der Wirkungsgrad eines Kraftwerks um etwa 10 Prozentpunkte verschlechtert wird. Dies bedeutet, dass die neue Technik auch nur bei neuen, hocheffizienten Kraftwerken Sinn macht, weil die Nachrüstung alte Anlagen vom Wirkungsgrad her um etwa 25 Jahre zurückwerfen würde. Damit wären sie völlig unwirtschaftlich.

Nach der Abtrennung muss das CO_2 transportiert und tief unter die Erde oder unter den Meeresgrund gespeichert werden. Weltweit laufen groß angelegte Versuche, welche geologischen Bereiche für eine Speicherung besonders geeignet sind. Getestet wird die Einleitung in erschöpfte Öl- und Erdgaslagerstätten, wo Gase oder Flüssigkeiten über mehrere Millionen Jahre gespeichert waren, bis der Mensch sie gefördert hat. Eine weitere Möglichkeit sind so genannte »saline Aquifere«, tief liegende, poröse und Salzwasser führende Gesteinsschichten, die das CO_2 wie ein Schwamm dauerhaft aufsaugen können.

Wie viel Platz für CO_2 gibt es insgesamt in Deutschland? Nach Angaben der Bundesanstalt für Geowissenschaften und

---

Oxyfuel-Verfahren: Verbrennung von Kohle in reinem Sauerstoff, Auskondensierung des Wasserdampfes, es verbleibt ein CO_2-Gas (ca. 90 %), das durch Druck verflüssigt wird

Pre-Combustion-Verfahren: Umwandlung von Kohle zu Kohlenmonoxid und Wasserstoff vor der Verbrennung. Wasserstoff wird verbrannt. Kohlenmonoxid wird mit Wasserdampf zu Kohlendioxid umgewandelt.

Post-Combustion-Verfahren: Herauswaschen des CO_2 aus den Rauchgasen durch Chemie

---

Rohstoffe verfügt die Bundesrepublik über potenzielle Lagerstätten für etwa 23 Mrd. Tonnen CO_2. Die 30 größten Kohlekraftwerke in Deutschland haben in 2013 0,239 Mrd. t CO_2 ausgestoßen. Würde man die gesamten Emissionen dieser 30 Anlagen unterirdisch speichern wollen, reichte die Kapazität also für knapp 100 Jahre.

Viele Fragen sind aber noch offen: Wer bezahlt die neue Infrastruktur und wer darf sie zu welchem Preis benutzen? Welcher Wirkungsgrad geht konkret bei der Abtrennung verloren? Wo werden die Speicher gebaut? Wer darf dann diese Speicher nutzen? Kostet die Speicherung Geld? Verdrängen CO_2-Speicher nicht Raum für Gasspeicher? Wer ist verantwortlich für die Sicherheit der Speicher und wie lange? Wer genehmigt die Speicher? Sind die Speicher wirklich dicht? Welcher Anlagenbauer kann die erste großtechnische Waschanlage liefern und wann? Ist diese Anlage auf Dauer wirtschaftlich? Akzeptiert die Gesellschaft diese Technik überhaupt?

Die Akzeptanzfrage dürfte neben dem technischen Neuland die wichtigste sein, denn bereits jetzt verläuft die CCS Diskussion in Bezug auf Wortwahl, Mobilisierung von Gegnern und bestehender Unsicherheit seit Jahren ähnlich wie die Atomdebatte ab. Die Rede ist von »Endlager, Gift im Boden, CO_2-Klo, Grundwasserverseuchung, Belastung zukünftiger Generationen« und vielem mehr. Politik und Betreiber müssen daher parallel zur technischen Entwicklung zusammen mit der Gesellschaft ein Verständnis und eine akzeptierte Lösung finden, denn CO_2-Speicher, die mit dem Gesetzbuch unter dem Arm oder vielleicht mit Polizeigewalt durchgesetzt werden, sind ein verpatzter Start in die Zukunft.

Genau diese gesellschaftliche Akzeptanz wird von vielen Kraftwerksbetreibern und deren Geldgebern derzeit als Risiko bewertet, weil nicht sicher ist, ob neue und teure Kohlekraftwerke, die schnell die Schallmauer der Milliardengrenze überschreiten, sich über den gesamten Lebenszeitraum von bis zu 50 Jahren überhaupt auszahlen. Im August 2012 hat die Bundesregierung auf Grundlage einer europäischen Richtlinie ein CCS-Gesetz erlassen, nach dem einzelne Bundesländer u. a. CCS verbieten können. Die norddeutschen Bundesländer, die die größten Speicherkapazitäten in Form erschöpfter Gasspeicher aufweisen, sind »not amused« und haben sich fraktionsübergreifend klar gegen eine CO_2-Speicherung in ihrem jeweiligen Bundesland ausgesprochen. So gut wie sicher ist daher derzeit, dass es in Deutschland »onshore« keine großen CO_2 Speicher geben wird. Auch auf europäischer Ebene stockt derzeit die Entwicklung der Projekte in Rotterdam und Yorkshire. Ein Mitarbeiter hat es auf den Punkt gebracht: »CS remains the most regulated not existent industry«.

Können wir uns überhaupt ein Zögern leisten?
In Deutschland beträgt das Durchschnittsalter der Kohlekraftwerksflotte bereits 30 Jahre – viele Anlagen nähern sich ihrem technischen Lebensende und können – wie alte Autos – nur noch mit erheblichen Nachrüstungen und Reparaturen am Laufen gehalten werden. In der Presse liest man bisweilen von altersbedingten Schäden und technischen Defekten. Viele Anlagen werden vor diesem Hintergrund und aufgrund der wirtschaftlich sehr angespannten Lage von den Betreibern bewusst »auf Verschleiß« gefahren.

Hinzu kommt, dass viele Kohlekraftwerke – ähnlich wie die Kernkraftwerke – im Grundlastbetrieb gefahren werden, d. h. sie liefern die Last, die unabhängig vom Verbrauch und von zusätzlichen Einspeisungen der erneuerbaren Energien immer gebraucht wird. Fehlender Ersatz für alte Grundlastkraftwerke führt dazu, dass Deutschland heute schon oftmals im Sommer mehr Strom von seinen Nachbarn einführen muss, als exportiert wird. Kurzfristige Lösungen sind daher erforderlich, damit sich Deutschland weiterhin auch »selbst versorgen« kann.

> **Kaltreserve:** Anlagen, die vorübergehend stillgelegt wurden und innerhalb eines halben Jahres wieder produzieren können. Kraftwerke, die aufgrund technischer Probleme nicht in Betrieb sind, werden der Kaltreserve nicht zugerechnet.

Königsweg KWK?
Stark diskutiert wird die Frage, ob weiter auf Großkraftwerke oder eher auf dezentrale Energieerzeugung in kleineren Anlagen gesetzt werden soll – letztere entsprechen dem ausgeprägten Wunsch von vielen Gemeinden, Kommunen und Menschen nach Autonomie und Selbstbestimmung. Und auch die Bundesregierung hat sich aus Umweltschutzgründen das Ziel gesetzt, bis zum Jahr 2020 den Anteil der Kraft-Wärme-Kopplung (KWK) an der Stromerzeugung auf 25 Prozent zu steigern.

Was ist KWK? Jedes Kraftwerk erzeugt neben Strom auch eine Menge Wärme, die zum Teil nicht mehr verwendet werden kann und daher ungenutzt entweicht. Diese Wärme wird bei KWK Anlagen aufgefangen und in industriellen Prozessen oder zum Beheizen von Wohngebieten genutzt. Es gibt eine Reihe von KWK-Anlagentypen: Von Großkraftwerken, die z. B. die Fernwärmeschiene im Ruhrgebiet oder Gewächshäuser in den Niederlanden versorgen, über Heizkraftwerke im städtischen Bereich oder KWK für Industriebetriebe bis hin zu Micro-KWK-Anlagen oder modifizierten, mit Gas betriebenen »Automotoren« in einzelnen Häusern oder Hotels. Der Nachteil bei KWK Anlagen ist, dass die Effizienz der Anlage zur Stromerzeugung geringfügig sinkt.

Damit sich der Einsatz von KWK lohnt, sind aber vor allem zwei Dinge wichtig: Erstens sollte es Wärmeabnehmer ge-

> **KWK und Energiewende**
> Der Ausbau der KWK ist für die Steigerung der Effizienz im Erzeugungsbereich von wesentlicher Bedeutung. Allerdings ging der Ausbau nicht so schnell voran, wie geplant. Zudem ist der Einsatz von KWK-Anlagen herkömmlich vom Wärmebedarf bestimmt. Es kann mithin sein, dass KWK-Anlagen Strom produzieren, obwohl gerade viel Wind weht und eigentlich schon zu viel Strom im Netz ist. Deshalb will die Bundesregierung in den Anfang Juli 2015 beschlossenen Eckpunkten ihr eigenes KWK-Ausbauziel reduzieren. Der Anteil von KWK soll 2020 nicht mehr 25 Prozent an der gesamten Stromerzeugung betragen, sondern nur noch 25 Prozent an der »thermischen« Erzeugung (also Gesamtstromerzeugung ohne Wind und Sonne). Durch die Förderung von Wärmespeichern soll zudem ein flexiblerer Einsatz der Anlagen angereizt werden.

ben, die in der Nähe des Kraftwerks liegen, damit nicht ein Großteil des mühsam gesteigerten Wirkungsgrades durch Transportverluste wieder verloren geht. Zweitens muss nicht nur Strom, sondern auch Wärme kontinuierlich gebraucht und sinnvoll verbraucht werden. Für ein Chemieunternehmen im 24-Stunden-Betrieb trifft das oftmals zu – für eine Eigenheimsiedlung sind die Voraussetzungen – insbesondere im Sommer – nicht erfüllt. Daher sollte sich die Fördersystematik auch am kontinuierlichen Wärmebedarf ausrichten, damit die Effizienz der Anlagen – von z.T. über 80 Prozent Wirkungsgrad – auch tatsächlich dauerhaft ausgeschöpft werden kann. In dem Zusammenhang sprechen Experten oft von so genannten Wärmesenken. Was ist das genau? Wärmesenken sind schlicht Verbrauchsstellen, die die produzierte Wärme meist zeitgleich abnehmen – die Wärme kann also bildlich »versenkt werden«. Während im Winter in einem Haus mit einer Micro-KWK Anlage Strom und Wärme verbraucht werden, braucht man im Frühling und Sommer die anfallende Wärme meist nicht – es fehlt die Wärmesenke. Beim KWK Ausbau ist es daher wichtig, dass auch die Wärme zeitgleich und sinnvoll abgenommen wird und z.B. keine Fischteiche neben einem Kraftwerk »geheizt« werden.

Gaskraftwerke: Jumbos am Netz
Ein mit Erdgas betriebenes Kraftwerk funktioniert ganz ähnlich wie das Triebwerk eines Flugzeugs, allerdings in XXL-Ausführung. Ein kleineres Gaskraftwerk von 240 MW hat umgerechnet in etwa die Leistung aller vier Triebwerke eines Jumbo-Jets. Gasturbinen lassen sich als »Schnellstarter« viel flexibler steuern als Kohlekraftwerke und sind somit unerlässlicher Bestandteil der Elektrizitätsversorgung. Oftmals ist hinter die Gasturbine noch ein Dampfkreislauf geschaltet, so dass auch die verbleibende Restwärme genutzt werden kann. Dann handelt es sich um eine gasbetriebene KWK-Anlage, die förderfähig ist.

Neben der flexiblen Einsetzbarkeit, den höheren Wirkungsgraden und geringeren Bauzeiten hat Erdgas den zusätzlichen Vorteil, dass bei seiner Verbrennung weniger CO_2 entsteht als bei Kohle. Der großflächige Einsatz von Gaskraftwerken ist aber trotz besserer CO_2-Bilanz auch kein Königsweg, weil Deutschland nur sehr begrenzte Gasvorkommen hat und daher in hohem Maß von Importen, nämlich derzeit etwa zu 85% abhängig ist. Außerdem ist Gas vergleichsweise

Abbildung Prinzip GuD-Kraftwerk

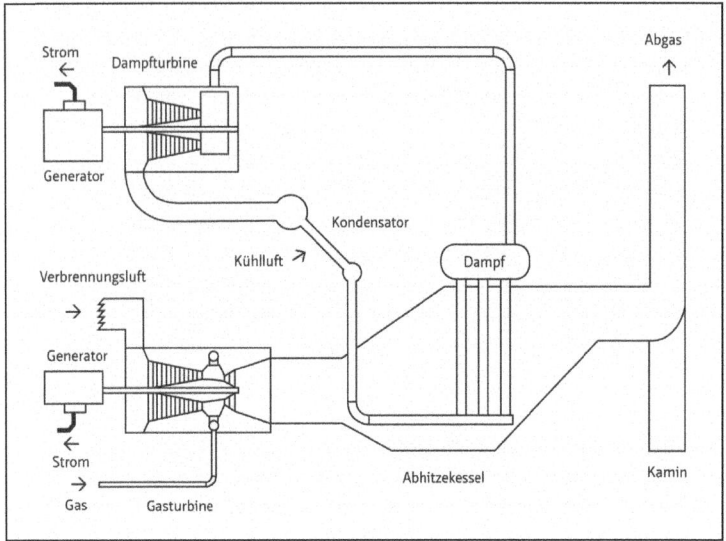

Quelle: GNU

Funktion eines GuD-Kraftwerks

Das Prinzip ist bei Kraftwerk und Jumbo ist gleich: Luft wird verdichtet, wird mit brennbarem Gas gemischt, entzündet und beschleunigt. Im Kraftwerk wird die Beschleunigung allerdings nicht in Vortrieb sondern in Drehbewegung verwandelt und damit ein Generator angetrieben. Der durch die Wärme der Gasturbine in einem Abhitzekessel entstehende Dampf kann zum Betrieb einer zusätzlichen Dampfturbine verwendet werden.

teuer und ähnlich wie Öl für eine Verbrennung in Großkraftwerken fast zu schade.

Knapp die Hälfte aller deutschen Gasimporte kommt aus Russland, der Rest überwiegend aus Norwegen und den Nie-

> **Pipeline vs. Schiffstransport**
> Das in Deutschland verbrauchte Gas kommt nahezu komplett via Überland-Pipelines zu uns. In jüngster Zeit wird global gesehen vermehrt Flüssiggas (LNG) per Tankschiff transportiert. Dazu kühlt man Erdgas stark herab und verflüssigt es dadurch. Wesentlicher Vorteil ist der Verzicht auf kostspielige und womöglich durch instabile Regionen verlaufende Rohrleitungen. Größter Nachteil auch unter Klimagesichtspunkten ist der enorme Energiebedarf der Verflüssigung. Bis zu 25 Prozent des Energiegehalts des transportierten Gases gehen dabei verloren. Für die Umwandlung des verflüssigten Gases braucht man große Anlagen zur Regasifizierung. In Deutschland besteht auch noch kein Anlandeterminal, die LNG Importe nach Deutschland werden primär über Rotterdam abgewickelt.

derlanden. Für russisches Erdgas stehen zwei Pipelines zur Verfügung. Zur Erhöhung der Versorgungssicherheit, die Anfang 2009 durch die erneute Zuspitzung des bereits seit 2006 existierenden russisch-ukrainischen Gasstreits in das öffentliche Interesse gerückt ist, wurde zwischenzeitlich die die sogenannte Nordstream-Leitung zwischen Greifswald und Wyborg in Betrieb genommen – damit ist Russland nicht mehr auf den Transit über die Ukraine oder Polen angewiesen, sondern kann über die rund 1200 km durch die Ostsee verlaufenden Leitungen ohne Transit liefern. Zusätzliche Leitungsanbindungen von über 900km wurden zusätzlich in Russland und Deutschland errichtet. Durch Annexion der Halbinsel Krim und Sanktionen des Westens gegen Russland darf und muss die Frage gestellt werden, wie sicher die russischen Gaslieferungen nach Deutschland und Europa noch sind. Die Nervosität ist deutlich zu spüren und Europa bereitet sich auf mögliche Krisenszenarien vor. Das energiewirtschaftliche Institut an der Uni Köln hat ausgerechnet, dass durch einen Lieferstopp nicht sofort die Heizungen in Deutschland kalt blieben: Durch zusätzlichen Import von Flüssiggas über Tankschiffe, Leeren der Speicher und flexiblen Einsatz der

Abbildung Krisenszenario eines russischen Gasboykotts

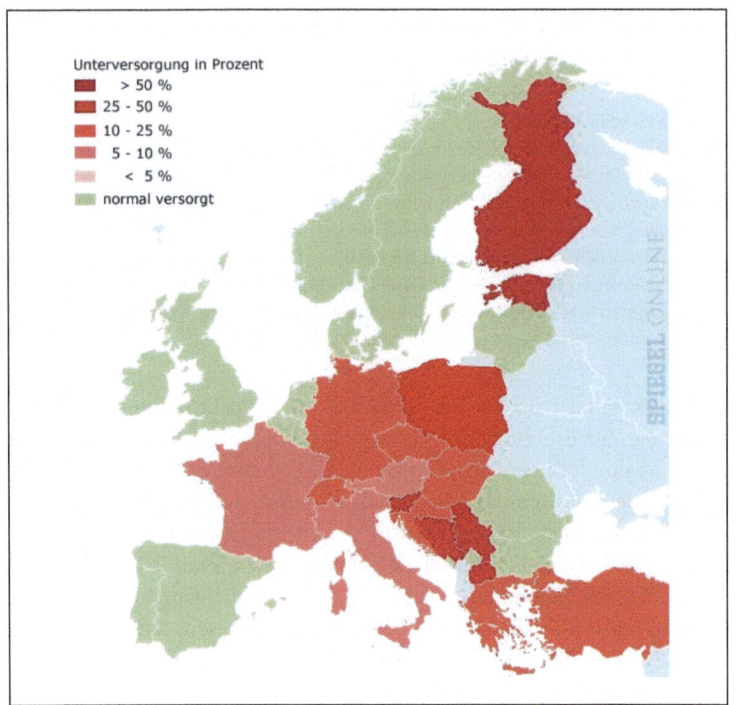

Quelle: Spiegel

Gasnetze würde man hierzulande noch halbwegs mit einem blauen Auge über den Winter kommen. Mittel- bis langfristig gesehen wären die Folgen eines Embargos allerdings spürbar. Nach 6 Monaten wäre Deutschland noch weniger als 5 % »gasunterversorgt«, nach 9 Monaten bereits 5–10 %. Härter träfe die Unterversorgung nach 9 Monaten unseren direkten Nachbarn Polen mit 10–25 %, Rumänien und Bulgarien wären mit 25–50 % und Finnland sogar über 50 % betroffen.

Abbildung Gaspipelines nach Europa

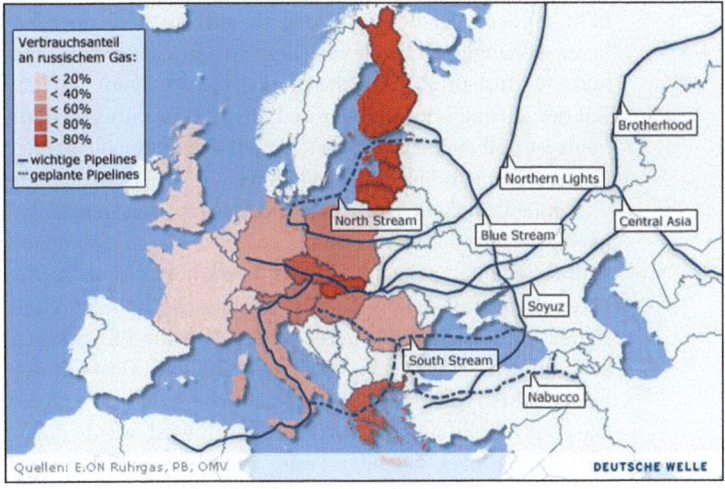

Weitere Projekte zur Diversifizierung unseres Gasbezugs sind daher wichtiger denn je. Einige von ihnen befinden sich im wahrsten Sinne des Wortes in der Pipeline, die Realisierung ist jedoch oftmals ungewiss: Die so genannte Nabucco-Pipeline, die von der bulgarischen-türkischen Grenze über Rumänien und Ungarn nach Wien führen sollte, wird aus politischen Gründen derzeit nicht realisiert. Auch das Konkurrenzprojekt, die Southstream Pipeline, welche vom russischen Beregovaya durch das Schwarze Meer über Bulgarien und den Balkan nach Europa führen sollte, ist nicht mehr sicher. Gazprom Chef Alex Miller hat Ende 2014 mitgeteilt »es gibt kein Zurück mehr, das Projekt ist geschlossen«. Neben der politischen Differenzen zwischen Europa und Russland ist auch die Frage des »Füllens« der südlichen Leitungen ein Thema, da auch die Förderung von Gas Kasachstan und dem Iran kritisch hinterfragt werden.

Durch die politisch umstrittenen Mammutprojekte können zwar die europäischen Importkapazitäten mittelfristig erhöht werden, gleichzeitig führen sie aber auch zu noch höherer Abhängigkeit, auch vor allem von Russland. Auch der massive Ausbau von Gasspeicherkapazitäten kann nur ein Teil der Lösung sein, weil der Bedarf von Gaskraftwerken immens ist und auch riesige Speicher auf Dauer einen längeren Lieferstopp nicht überbrücken können.

Schließlich kann keiner der Energieexperten genau vorhersagen, wie sich der Gaspreis entwickelt – da der Brennstoffkostenanteil bei einem Gaskraftwerk höher ist als bei anderen Brennstoffen, können Gaskraftwerke bei hohen Preisen schnell unwirtschaftlich werden. Dass sich die Entwicklung auch umkehren kann, zeigt der Preisverfall des Gases in den letzten Jahren in Europa. Das ungeschriebene Gesetz, dass der Gaspreis immer an den Ölpreis gekoppelt wird, wurde durch die Realität stark fallender Preise abgelöst. Gründe hierfür waren ein Rückgang des Verbrauchs durch die weltweite Wirtschaftskrise und den damit massiv sinkenden Gasverbrauch in Süd- und Osteuropa. Hinzu kommen neue Techniken, die die Förderung von Gas aus Schiefer- bzw. Tongestein rentabel machen.

Mehr Gas für alle?
Der neue Gasrausch kommt nicht aus Sibirien, sondern aus den USA und Teilen Europas. Die Gewinnung von Gas aus Tongestein ist nicht neu und wurde in der Vergangenheit auch durchgeführt, vorausgesetzt das Tongestein war in der Natur bereits mit Rissen durchsetzt. Gibt es keine natürlichen Risse, können diese hydraulisch erzeugt werden.

Mit der als »hydraulic fracturing« kurz »fracking« bezeichneten Methode werden Risse im Gestein durch Einpressen von Wasser, Chemikalien und Sand erzeugt und das gespeicherte Gas hierdurch freigesetzt. Die Verwendung von Chemikalien zum »Auswaschen« des Gases ist umweltrechtlich umstritten und wird politisch unterschiedlich bewertet. Die USA geben seit einiger Zeit Vollgas: Durch Schiefergasförderung haben die USA – ganz anders als Deutschland – an ihrer eigenen »Energierevolution« gearbeitet und sind bereits Ende 2011 zum Nettogasexporteur geworden – setzt sich der Ausbau fort, werden die USA nach Einschätzung der IEA vor Russland und Saudi Arabien ab 2017 weltweit der größte Erdgasproduzent werden. Die USA haben in den letzten Jahren durch diese Methode ihre Gasproduktion um etwa 30 % und die Ölproduktion sogar fast um 50 % gesteigert.

Kommt nach dem Gasboom der Katzenjammer? Die Investitionsvolumina sprechen eine deutliche Sprache, dass allmählich die schöne, neue Gaswelt nicht mehr nur rosarot gesehen wird. Investoren haben in 2011 insgesamt 35 Milliarden Dollar in amerikanische Fracking-Beteiligungen gesteckt, in 2012 waren es rund 7 Mrd. und in 2013 »nur« noch 3,5 Mrd. Der Hauptgrund hierfür ist vor allem der weltweit stark gesunkene Preis für Öl- und Gas, der einige Fracking-Unternehmungen unwirtschaftlich machte oder macht.

Europäische Länder mit hoher Energieabhängigkeit, allen voran Polen, stehen dem »billigen Schiefergas« ebenfalls sehr offen gegenüber. Deutschland und Frankreich haben bisher eine eher skeptische Haltung eingenommen. Die Meinungen im Europäischen Parlament sind ebenso vielschichtig und folgen keinen Parteilinien – vor diesem Hintergrund steht Schiefergasproduktion in Europa noch sehr am Anfang, was die erst vereinzelt erteilten Konzessionen für Probebohrungen und der fehlende Rechtsrahmen deutlich machen.

Freaks fracking the environment? Gegner der Schiefergasexploration sehen Probleme in dem hohen Wasserverbrauch und dem Einsatz von Chemikalien, der sich negativ auf die Qualität des Trinkwassers auswirken kann. Durch das unnatürliche Schaffen von Rissen im Gestein »tief unten« könnten lokale Erdbeben ausgelöst werden. Fracking kann auch

Gas, wie z. B. Methan freisetzen, das nicht aufgefangen werden kann – in Folge könnten ungewollt Treibhausgase freigesetzt werden. Zweifelhafte Berühmtheit haben Berichte erlangt, wonach in den USA Trinkwasser mit Methan versetzt wurde und dieses am Wasserhahn angezündet werden konnte.

Der Gasmarkt im Wandel

Die großen europäischen Gasversorger, welche teilweise ein Ferngasleitungsnetz betreiben und große Mengen Gas direkt beim Produzenten einkaufen, hatten in den letzten fünf Jahren mit großen Problemen zu kämpfen:

Die Gasversorger und die Produzenten in Russland und Norwegen haben über Jahrzehnte eine Geschäftsgrundlage: Gas wird über bis zu 20 Jahre laufende Verträge eingekauft und der Preis richtet sich oft nach dem Preis für Öl, genauer dem Preis für leichtes Heizöl. Um Planungssicherheit zu haben, kauften die Unternehmen das Gas meist mit langem Vorlauf ein, entweder direkt beim Produzenten (Gazprom, Statoil etc.) oder an der Börse am Forward-Markt. Kurzfristige Lieferungen waren entsprechend teuer – sie wurden nur zum Füllen von Lücken benötigt und an der Börse meist über den Spot-Markt abgewickelt. Durch die weltweite Wirtschaftskrise und sinkendem Absatz sind die Preise für kurzfristige Lieferungen in Europa stark gesunken, und zwar so stark, dass sie deutlich unter die Preise für den langfristigen Gasbezug fielen. Die großen Gasversorger liefen hierdurch in ein Dilemma: Durch die langlaufenden Verträge mit den Produzenten blieben sie in den Verträgen gefangen und konnten Preise nur zeitaufwendig und mühsam nachverhandeln, während Abnehmer aus der Wirtschaft und Stadtwerken, die meist mit ein bis zwei Jahren Vorlauf einkaufen, sich viel billiger eindecken konnten. Dies verstärkte das Problem der Gasversorger, da sie nun auf großen Gasmengen »sitzen blieben«, weil sie aufgrund der üblichen »take or pay« Klauseln (»nimm oder zahl«) den eigenen Bezug auch nicht reduzieren konnten. In Folge wurde noch mehr Gas auf den Markt gedrückt, was die Preise abermals unter Druck setzte.

Zudem wurde kartellrechtlich entsprechender Druck auf die großen Unternehmen ausgeübt, das Gasnetz zu verkaufen und durch die Regulierung sind die Margen der Ferngasleitungsnetzbetreiber unter Druck geraten. Diese Entwicklung hat in der Gasversorgungslandschaft sichtbare Spuren hinterlassen: Große Teile des deutschen Ferngasleitungsnetzes wurden an Finanzinvestoren verkauft.

Kohle und Gas sind wichtige Energielieferanten. Die Technologien haben sich weiter entwickelt: Kohle lässt sich heute sparsamer, sauberer und klimaschonender für die Energiegewinnung nutzen und Gas trägt maßgeblich zur Stabilisierung des Stromversorgungssystems bei. KWK kann beide Formen ergänzen, wenn Wärmebedarf besteht. Es gibt also Vor- und Nachteile, wie bei jeder Erzeugungsart, genauso wie es keine »bösen Kohlekraftwerke«, keine »guten Gaskraftwerke« oder auch nicht den »Königsweg Kraft-Wärme-Kopplung« gibt. Energiewirtschaftlich kommt es daher darauf an, in einem Energiemix der Zukunft die Vorteile des einen mit den Vorteilen des anderen zu kombinieren und so die jeweiligen Nachteile zu minimieren.

Zusammenfassung

- Kohle als Brennstoff war Grundlage der industriellen Entwicklung der westlichen Welt. Die langfristige Verfügbarkeit, der Abbau im eigenen Land und politisch stabilen Ländern machen sie als Energieträger – insbesondere mit Blick auf die Versorgungssicherheit – auch heute attraktiv.
- Durch den Atomausstieg gewinnt die »Kohlebrücke« in Deutschland an Bedeutung.

- Hauptproblempunkt der Kohleverstromung ist das Entstehen von CO_2-, das weltweit als Klimagas zu einem Temperaturanstieg führen kann.
- Mithilfe der CCS-Technik soll CO_2 künftig abgeschieden, komprimiert und unterirdisch gespeichert werden. Die Marktfähigkeit wird für 2020 prognostiziert, bisher gibt es weder eine funktionierende und wirtschaftliche Großserienanwendung geschweige denn eine öffentliche Akzeptanz.
- Die Verbesserung des Wirkungsgrades von Kohlekraftwerken und die Erneuerung des Kraftwerksparks können entscheidend und zu relativ geringen Kosten zum Klimaschutz beitragen.
- Gaskraftwerke, auch in Gas-und-Dampf-Kombination, erreichen hohe Wirkungsgrade. Sie lassen sich als Schnellstarter flexibel steuern und dienen der Netzstabilisierung sowie der »gleichmäßigen« Energieversorgung rund um die Uhr.
- Deutsche Gaskraftwerke sind brennstoffseitig überwiegend von Importen aus Russland, Norwegen und den Niederlanden abhängig. Aufgrund der niedrigen Großhandelspreise für Strom sind sie derzeit überwiegend nicht wettbewerbsfähig und befinden sich in »Kaltreserve« oder Stilllegung.
- Ein ausgewogener Strommix führt zu größtmöglicher Versorgungssicherheit, weil nicht »alles auf eine Karte« gesetzt wird.

4.4 Zehn Minuten Netz und Transport

Wie kommt der Strom in die Steckdose?
Strom beleuchtet unsere Städte und Häuser und macht Leben und Arbeit angenehmer – der Nutzen wird erst oft bemerkt, wenn der Strom ausfällt. Strom ist allgegenwärtiger Bestandteil unseres Lebens, Grundlage für Wohlstand und modernen

Lebensstil. Und wie bequem: Er kommt einfach aus der Steckdose! Doch ähnlich wie bei allen anderen Produkten des täglichen Lebens, z. B. Kaffee oder Tee, steht vor dem Konsum

> **AC oder DC?**
> George Westinghouse gegen Thomas Edison hieß das große Duell der Erfinder am Beginn der Elektrifizierung Ende des 19. Jahrhunderts. Edison wollte den Gleichstrom (DC) als Standard durchsetzen und schreckt vor grausamen Tierexperimenten nicht zurück, um die Gefährlichkeit des Wechselstroms (AC) zu demonstrieren. Er empfahl Wechselstrom sogar als Mittel für die Todesstrafe.
> Westinghouse dagegen setzte auf die wirtschaftlichere, weil mit nur geringen Verlusten übertragbare Form des Stroms. Zusammen mit Nikola Tesla brachte er den AC-Strom, der mithilfe rotierender Magnete erzeugt wird und dadurch periodisch seine Fließrichtung ändert, sodass Plus- und Minuspol in rascher Folge wechseln, auf die Siegerstraße. Die Kraftwerke konnten außerhalb der Städte gebaut und der Strom mit hoher Spannung transportiert werden. Den endgültigen Durchbruch brachte der Sieg von Westinghouse bei der Ausschreibung eines Kraftwerks an den Niagara-Fällen, das ab 1896 die Stadt Buffalo mit Elektrizität versorgte.

eine lange Erzeugungs- und Transportkette. So befinden sich hinter den »Löchern in der Steckdose« Kupferkabel, die vom Hausanschlusskasten, der sich meist im Keller befindet, in das meist unterirdische Niederspannungsnetz in der Straße führen. Von dort führt das nun schon dickere Kabel zu einer Umspann- oder Transformatorenstation in die Mittelspannungs-

> **Drehstrom und Bahnstrom**
> In Wechselstromsystemen wird zur Energieübertragung meist nicht auf einen einfachen (einphasigen) Wechselstrom gesetzt. So auch in Deutschland. Materialsparender sind Dreiphasensysteme. Notwendig dazu sind Drehstromgeneratoren, in denen drei Spulen im Kreis versetzt angeordnet sind. Die Magneten erzeugen so zeitlich versetzte Wechselspannungen. Deshalb sind an den Strommasten auch immer eine durch drei teilbare Anzahl an Kabeln gehängt. Die Frequenz mit der der Strom die Richtung ändert beträgt europaweit 50 Hertz.
> Anders ist es bei der Bahn. Auch da gibt es Wechselstrom, aber in einigen europäischen Ländern (Deutschland, Österreich, Schweiz, Schweden, Norwegen) fahren die Eisenbahnen mit Einphasenwechselstrom mit nur 16,7 Hertz. Anfang des 20. Jahrhunderts war es nämlich noch nicht möglich, große Einphasen-Elektromotoren sicher mit hohen Frequenzen zu betreiben. So braucht die Bahn heute immer noch spezielle Bahnkraftwerke, die Strom der richtigen Qualität erzeugen oder es muss Strom aus dem öffentlichen Netz in Extra-Umrichterstationen transformiert werden.

ebene, wo nicht mehr 230 oder 400 Volt herrschen, sondern zwischen 1 000 und 70 000 Volt. Dies sind meist die regionalen Leitungen auf dem Land – in der Stadt sind sie in der Regel unter der Erde. Nach erneuter Umspannung mündet die Mittel- in die Hochspannungsleitung mit meist 110 000 Volt und dann in die Höchstspannungsebene, die unter einer Spannung von 220 000 oder 380 000 Volt steht und direkt zu den großen Kraftwerken führt – zu sehen weithin an den hohen Strommasten.

Warum so kompliziert? Entsprechend unserer Infrastruktur im Verkehrsbereich kann man die Bedeutung der einzelnen Spannungsstufen mit Straßen vergleichen: Die Höchstspannungsebene sind die Autobahnen, die benötigt werden, um größere Distanzen schnell zurückzulegen, ohne Ampeln oder Kreuzungen, enge Kurven oder Tempo-30-Zonen. Die Autobahnen haben den Nachteil, dass nicht alle Ziele daran angeschlossen sind – wie im Strombereich gibt es autobahnnah einige sehr große Industrieanlagen oder große Städte mit eigenem Autobahnanschluss – diese sind auch direkt an das Höchstspannungsnetz angeschlossen. Will man allerdings die Region erreichen, muss man runter von der Autobahn auf Schnellstraßen und Landstraßen, die Hoch- oder Mittelspannungsebene. Und schließlich ist das Erreichen von Orten oder Wohngebieten – auch in einer Großstadt – nur über kleine Straßen, dem Niederspannungsnetz, zu schaffen. Würde man dagegen versuchen, Strom über ein Mittel- oder Niederspannungsnetz über weite Strecken zu transportieren, wären die Verluste immens. Die hohe Spannung der Stromautobahnen sorgt dafür, dass die Übertragungsverluste gering bleiben.

Wenig bekannt ist, dass das deutsche Stromnetz im Vergleich zum Straßennetz wesentlich länger ist. Allein das Höchstspannungsnetz zählt 34 000 km, während die deutschen Autobahnen zwischen Flensburg und Freiburg nur auf 12 900 km die Republik durchziehen. Das Hochspannungsnetz bringt es auf etwa 80 000 km, auf Mittelspannung liegen

Leitungen mit einer Länge von 510 000 Kilometern und das Niederspannungsnetz erstreckt sich gar über eine Million Kilometer. 600 000 km öffentlichen Wegen stehen also 1,8 Mio. Kilometer Stromnetz gegenüber.

Das Höchstspannungsnetz verbindet die Kraftwerke übrigens nicht nur mit den großen Verbrauchszentren, sondern auch untereinander und grenzüberschreitend in ganz Europa – hierdurch können sich die europäischen Länder im Notfall, z. B. wenn ein Kraftwerk ausfällt, untereinander helfen. Die Verbindung erfolgt durch sogenannte »Grenzkuppelstellen«, deren Ausbau auf der europäischen Agenda weit oben steht – je mehr Grenzübergänge und Stromautobahnen es zu den Grenzen gibt, desto mehr kann Strom auch grenzüberschreitend transportiert und gehandelt werden, was wiederum den Wettbewerb ankurbelt und für einen möglichst effizienten Einsatz der Kraftwerke sorgt. Dabei darf nicht übersehen werden, dass es nicht allein mit dem Bau von Grenzkuppelstellen getan ist, sondern auch davor und danach die entsprechende Infrastruktur geschaffen werden muss. Richtig bleibt aber, dass mehr Wettbewerb nur durch eine bessere Infrastruktur und offene Grenzen möglich wird – auf europäischer Ebene werden deshalb die sogenannten transeuropäischen Energienetze (TEN-E) mit öffentlichen Mitteln gefördert. Die Europäische Kommission hat den verbesserten grenzüberschreitenden Austausch zu einem der wichtigsten Punkte in der angestrebten Energie-Union gemacht.

Balanceakt im Netz

Anders als Erdgas im Gasnetz kann man Elektrizität im Stromnetz nicht speichern. Auch sonst gelingt dies nur begrenzt und nur zu sehr hohen Kosten: Durch Pumpen von Wasser auf einen Berg, in Batterien, durch Druckluft oder durch Erzeugung von Wasserstoff (Power-to Gas) – dabei geht je nach Technologie durch die Umwandlung meist sehr viel

Energie verloren. Am effizientesten ist es also, den Strom genau zu dem Zeitpunkt zu erzeugen, in dem er verbraucht wird. Das Verhältnis von Erzeugung und Verbrauch zeigt die aktuelle Frequenz im Netz an. Exakt 50 Hertz weist das Netz nämlich nur auf, wenn Angebot und Nachfrage genau im Gleichgewicht sind. Gibt es ein Überangebot an Strom, so steigt die Frequenz an. Gibt es ein Unterangebot, sinkt sie ab. Die vier großen Übertragungsnetzbetreiber in Deutschland, TenneT,

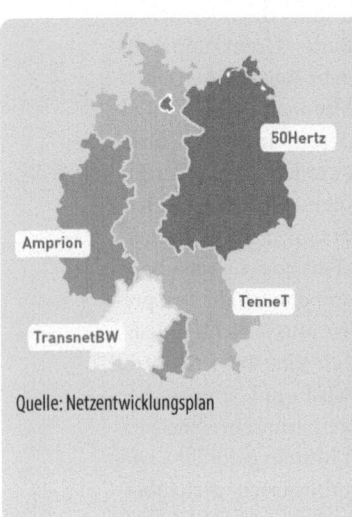

Quelle: Netzentwicklungsplan

Die vier Übertragungsnetzbetreiber
Früher zu Monopolzeiten wurde beim Blick auf die Einteilung der deutschen Regelzonen noch häufig der Vergleich zu den Besatzungszonen gezogen. Heute sind die Übertragungsnetzbetreiber durch das staatlich verordnete »Unbundling«, also die Trennung des Netzes von den anderen energiewirtschaftlichen Wertschöpfungsstufen selbständig. Das ehemalige E.ON-Netz gehört nun dem niederländischen Staatsunternehmen TenneT. Haupteigentümer des RWE-Netzes, jetzt Amprion, ist ein Konsortium von Finanzinvestoren unter der Führung der Commerzbank. Vattenfall hat sein Netz an den belgischen Netzbetreiber Elia und an einen australischen Investmentfonds verkauft, das nun unter dem Namen 50Hertz firmiert. Nur die staatlich beherrschte EnBW behielt ihre Netzgesellschaft, die TransnetBW.

Amprion, 50Hertz und TransnetBW, müssen letztlich für den Ausgleich Sorge tragen, ihnen kommt die Systemverantwortung zu.

Zurück zur Straße: Ähnlich wie unsere Verkehrsinfrastruktur bedürfen Stromnetze zum Erhalt viel Wartungsarbeit, Neubauten, Verbesserungen und eine intelligente Verkehrsleitplanung zur Vermeidung von Staus an Verkehrsknotenpunkten. Eine Besonderheit gibt es aber: Der Verkehr muss im Stromnetz immer fließen, weil ansonsten das gesamte Netz

Abbildung Das deutsche Stromnetz

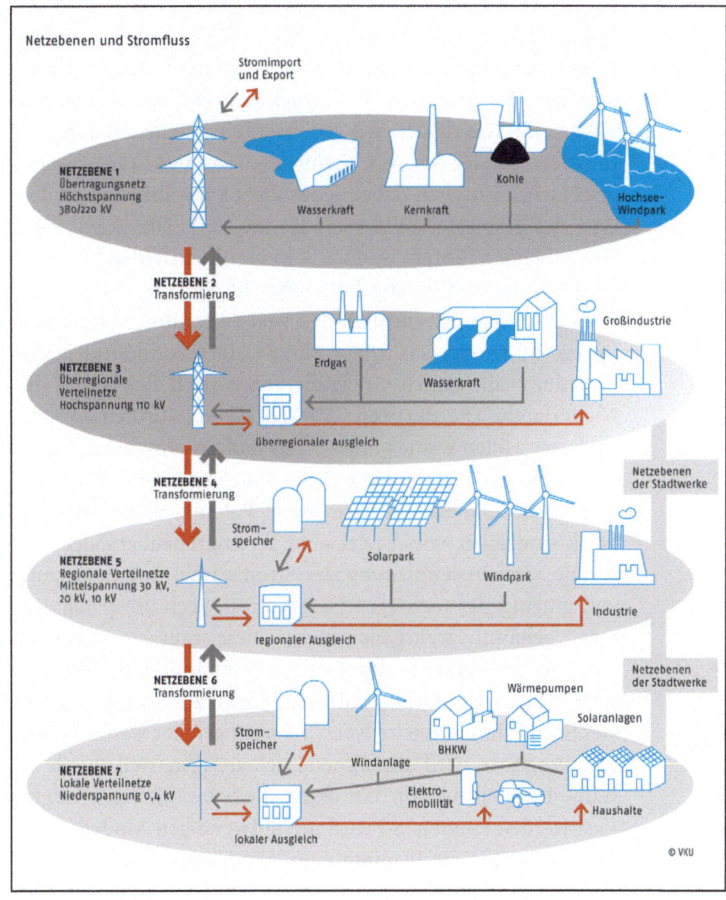

Quelle: Verband kommunaler Unternehmen (VKU), Mai 2015

zusammenbricht – dabei ist eine Unterspannung, also wenn gar keine Autos fahren, genauso schädlich wie eine Überspannung, die Staus verursacht. Ein Elektron kann eben nicht »rechts ranfahren« und warten. Wie bei einem langen Güterzug wird der Transport unterbrochen, wenn der Zug auseinanderreißt. Die elektrisch geladenen Teilchen haben übrigens für dieses riesige Stromstraßennetz ein immer funktionsfähiges Navigationsgerät dabei: Jedes Elektron wählt einfach den Weg des geringsten Widerstandes im Netz. Dies kann auch zu Problemen führen, wenn z. B. in Norddeutschland bei starkem Wind ein »Überangebot« herrscht. Die Elektronen wandern dann nämlich nicht zu den weit entfernten Abnehmern in das Ruhr- oder das Rhein-Main-Gebiet, sondern drücken sich durch die nahen Grenzübergänge nach Polen und die Niederlande. Die dortigen »Verkehrsverantwortlichen« sind in diesen Fällen wenig amüsiert, da dann Maßnahmen ergriffen werden müssen, z. B. die Drosselung von Kraftwerken, um den Verkehrsinfarkt zu vermeiden. Polen schließt daher zu Starkwindzeiten bereits jetzt seine Stromgrenzübergänge.

Die Verkehrsleitplanung des Stroms wird in jedem Land von einem oder mehreren Netzzentren, auch »dispatch centers« genannt, wahrgenommen. Diese müssen sicherstellen, dass der Verkehr oder die Elektronen immer fließen. Die größte Herausforderung dabei ist, vorherzusagen, wann wie viel Strom durch welche Netze zu wem geleitet werden muss. Die Prognose wird zunehmend schwieriger, weil durch erhöhte Einspeisung von Windkraft die Schwankungen vergrößert werden können. So wird mit aufwendigen Modellen beispielsweise für die Planung eine Windprognose erstellt, aus der sich ersehen lässt, mit welchen Windstärken wo und somit mit welcher Stromproduktion zu rechnen ist. Wie erfolgt der Ausgleich? Die Netzzentren kaufen von Kraftwerksbetreibern sogenannte Regelenergie ein, die einen hohen Anteil der Netzentgelte ausmacht und von vielen Anbietern im Rahmen einer Versteigerung zur Verfügung gestellt wird. Dabei muss sichergestellt werden, dass diese Energie tatsächlich physisch erzeugt und an einem definierten Punkt physisch auf Knopfdruck zur Verfügung steht, da ansonsten das Netz zusammenbrechen würde.

Dieses Just-in-Time-Prinzip kann man sich in etwa so vorstellen wie einen See, der immer exakt den gleichen Wasserstand halten muss. In den See münden zahlreiche Rohre, die frisches Wasser zuführen – diese Rohre werden von allen Erzeugern gespeist: Kohle, Kernenergie, Wind, Photovoltaik, Gas, Biomasse usw. Aus dem See führen zahlreiche Rohre, aus denen Wasser entnommen wird – das sind die Verbraucher.

Abbildung Stromnachfrage und -bereitstellung an einem Durchschnittstag

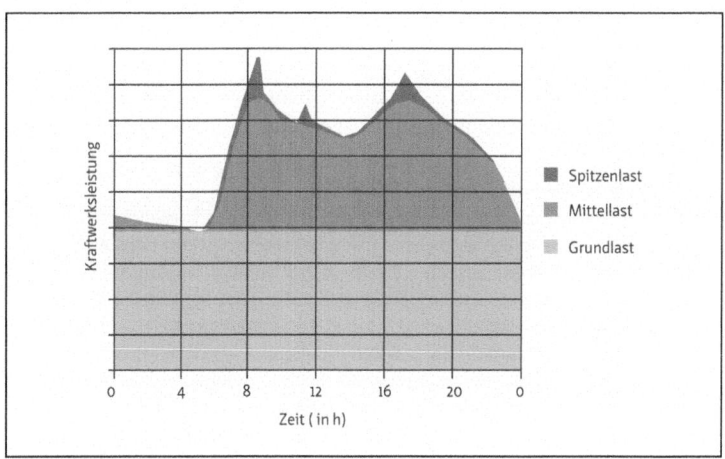

Quelle: GNU

Alte Welt: Spitzenlast, Mittellast und Grundlast

Grundlast wurde immer benötigt, Mittellast an vielen Stunden des Tages und Spitzenlast für wenige Minuten. Ein Beispiel: Es müssen 1000 Personen zu unterschiedlichen Zeiten von A nach B transportiert werden. Dafür stehen zehn Busse, fünf Autos und ein Motorrad zur Verfügung. Zuerst werden die Busse (Grundlast) eingesetzt, um möglichst viele Personen zu befördern, danach einzelne PKW (Mittellast) und für Eilaufträge das Motorrad (Spitzenlast).

Abbildung Erneuerbaren-Einspeisung in Deutschland, April 2015

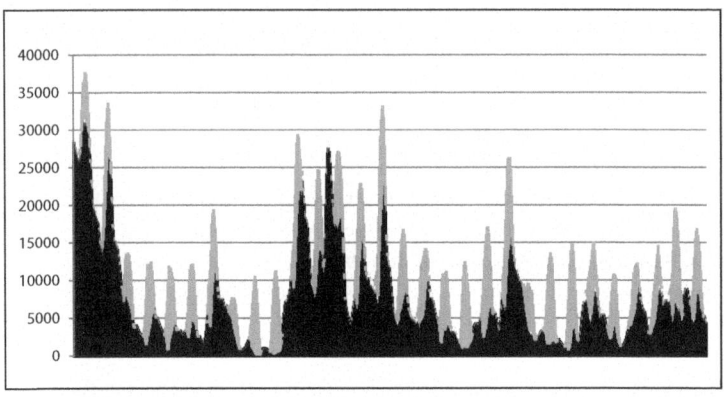

Quelle: www.netztransparenz.de; eigene Darstellung

Der Wasserstands-Verantwortliche muss dafür sorgen, dass Zu- und Abläufe genau ausgeglichen werden, egal ob es stark

> **Neue Welt: Residuallast, »Must Run« und Flexibilität**
> Heute ist allerdings durch die volatile, nicht-bedarfsgerechte Einspeisung der Erneuerbaren diese alte Logik kaum mehr aussagekräftig. Vielmehr müssen die noch steuerbaren Lasten die Lücke zwischen grüner Erzeugung und Verbrauch ausgleichen. Um diese sogenannte Residuallast jederzeit decken zu können, müssen konventionelle Kraftwerke, Speicher oder Nachfragesteuerung flexibel eingesetzt werden. Allerdings können konventionelle Kraftwerke oder KWK-Anlagen nicht beliebig an- und abgeschaltet werden, um schnell reaktionsfähig zu bleiben. Deshalb gibt es »Must Run«-Kapazitäten im System, die die Flexibilität einschränken. Um im obigen Bild zu bleiben: Zu den geplanten Bussen, PKWs und Motorrädern sind nun staatlich subventionierte Transporter unterschiedlichster Größe dazugekommen, die mal wenige, mal viele Menschen zu ungesteuerten Zeitpunkten kostenlos mitnehmen. Die Leute müssen dort mit, auch wenn sie nicht wissen, ob sie wirklich die gesamte Strecke gefahren werden. Die Folge: Die ursprünglichen Fahrzeuge werden noch gebraucht, sind aber nicht mehr ausgelastet – es müssen sogar Busse leer losfahren, weil auf der Strecke plötzlich gestrandete Passagiere stehen können.

regnet, die Sonne scheint, einige Wasserlieferanten nicht liefern können oder Abnehmer plötzlich mehr Wasser verbrauchen. Dabei kann meist mit einer Menge Wasser kalkuliert werden, die immer benötigt wird, d. h. der Verantwortliche weiß ungefähr, wie viel Wasser verbraucht wird. Ein kurzfristiger Zusatzbedarf muss aber auch kurzfristig ausgeglichen werden.

Ganz ähnlich funktioniert der Ausgleich im Stromnetz. Wenn die Abnahmeschwankung nur gering ist, kann sie innerhalb des Niederspannungsnetzes austariert werden. Wenn alle Familien in einer Straße Herd, Licht und Küchengeräte um 12.30 Uhr benutzen, fällt der Strom trotz dieser sogenannten Mittagsspitze nicht aus. Sie ist bekannt und wird aufgefangen. Bleibt es im Saldo eines größeren Gebiets jedoch bei einem Spannungsabfall, muss das übergeordnete Mittelspannungsnetz einspringen. Bei starken Schwankungen pflanzt sich dies bis ins Höchstspannungsnetz fort, das direkt mit den Kraftwerken verbunden ist. Dieser Ausgleich erfolgt europaweit im UCTE-Netz, allerdings nicht grenzenlos. Daher ist eine zweite Sicherung angeschlossen. Auf der »Reservebank« befinden sich Kraftwerke, die sich sehr schnell hochfahren lassen, die bereits bekannten Pumpspeicher- und auch Gasturbinenkraftwerke. Binnen weniger Minuten erhöhen sie die Einspeisung und entlasten so wiederum den ersten Ausgleichsverbund. Dieser zeitsensible Prozess funktioniert vollautomatisch. Er sorgt für die stets an den Verbrauch angepasste Strombereitstellung.

Die Energiewende: Revolution im Stromnetz

Traditionell waren die Schwankungen bei Stromerzeugung und -verbrauch nicht immens und entweder bekannt, weil Kraftwerksbetreiber einen Ausfall, z. B. wegen Wartungsarbeiten melden, oder gut prognostizierbar. Das hat sich mit dem massiven Zubau von Wind- und Sonnenenergie deutlich verändert. Zwar sind auch die Wetterprognosen zuverlässiger geworden – zumindest kurzfristig. Die Unsicherheiten nehmen jedoch weiter zu. Windparks liefern bei einer steifen Brise viel Energie, bei Flaute jedoch überhaupt keine und bei Sturm bis zum Abschalten der Rotoren zuerst immens viel und dann überhaupt nichts mehr. Auch die Sonnenenergie hat ihre Tücken. Bei ihr ist zwar immerhin klar, wann sie garantiert nicht produziert (nachts), aber wie schnell sich Wolken auflösen oder ob an einem schönen Wintertag nicht doch der Schnee auf den Dachanlagen die Einspeisung behindert, ist schon schwerer vorherzusehen. Vollends ins Schwitzen kamen die Netzbetreiber bei der partiellen Sonnenfinsternis an einem Vormittag im März 2015. Vor allem fürchtete man an dem wolkenlosen Frühjahrstag, die plötzlich wieder auftretende Einspeisung nachdem der Mondschatten vorbeigezogen war. Notfallpläne wurden geschmiedet, auf allen Netzebenen waren Extra-Schichten eingesetzt, so dass am Ende das Ereignis beherrschbar blieb.

Die Energiewende hat für das Netz aber noch zwei weitere fundamentale Auswirkungen: zum einen auf die Verteilnetze, also in den Spannungsebenen unterhalb der großen Stromautobahnen. An die Verteilnetze sind nämlich weit über 90 Prozent der erneuerbaren Energien angeschlossen. Deshalb sind diese in vielen Regionen schon keine reinen Verteilnetze mehr, sondern Einspeisenetze. Mit gravierenden Folgen: Geplant waren sie dafür, um den Strom aus den übergeordneten Netzebenen an die Kunden in Haushalt, Gewerbe und mittelständischer Industrie zu verteilen – der Strom floss in eine Richtung. Jetzt sind aber am »anderen Ende« der Leitungen nicht mehr nur Verbraucher, sondern auch Erzeuger (sogenannte »Prosumer«). Immer häufiger wird daher das Netz gebraucht, um Strom, der vor Ort nicht verbraucht werden kann, abzutransportieren. Mittlerweile ist es gang und gäbe den dezentralen Strom hoch zu spannen und überregional zu verteilen. Mit anderen Worten: Aus dem ursprünglichen Einbahnstraßensystem mit wenigen Fahrzeugen müssen Straßen werden, die man in beide Richtungen benutzen kann. Gerade auf Verteilnetzebene ist daher ein massiver Netzausbau erforderlich. Bis 2032 müssen die rund 900 Verteilnetzbetreiber in Deutschland bis zu 49 Mrd. Euro investieren – in neue Netze und in Intelligenz. Ein wichtiger Baustein werden dabei die regelbaren Ortsnetztransformatoren (rONT) sein, die die Spannung im Verteilnetz regeln können und damit beim Zubau dezentraler Erzeugung rein konventionellen Netzausbau vermeiden. Bis zu 10 Prozent Kostenersparnis kann diese neue Technologie bringen.

Das große Bauen: Netzentwicklungsplan und Bundesbedarfsplangesetz

Zum anderen hat die Energiewende aber weitreichende Konsequenzen für das Übertragungsnetz. Über diese wird in der

> **Intelligente Netze und intelligente Zähler**
> Erzeugung und Verbrauch sollen intelligent, d. h. mithilfe von Informations- und Kommunikationstechnologien, miteinander verknüpft werden. »Smart Grids« sollen dabei das immer stärker fluktuierende Angebot und den Verbrach neu austarieren. Denn die bisherige »verbrauchsorientierten Stromerzeugung« funktioniert nur mehr bedingt, daher soll es einen »erzeugungsoptimierten Verbrauch« geben. Intelligente Zähler sind ein Teil intelligenter Netze. Heute nutzen die Haushalte überwiegend alte elektromechanische Stromzähler (sog. Ferraris-Zähler). Im Gegensatz zu intelligenten Messsystemen, sog. »Smart Metern«, machen sie dem Kunden weder seinen Verbrauch transparent, noch können sie elektronisch Daten übertragen oder bieten Möglichkeiten für eine automatische Steuerung und Schaltung von Geräten. Sie sind die Voraussetzung für variable Tarife, bei denen der Strom dann billiger sein soll, wenn viel Erneuerbare produzieren. In diese Zeiten sollen die Menschen dann ihren Verbrauch legen. Zunächst werden die neuen Zähler aber nur bei größeren Verbrauchern und zur Integration der Erneuerbaren eingesetzt. Sicher werden sich an die Einführung Debatten um den Datenschutz knüpfen. Die NSA-Affären haben die Sensibilität hier deutlich erhöht.

Öffentlichkeit vielmehr diskutiert, vor allem weil von der Bundesregierung, dem Gesetzgeber, der Bundesnetzagentur und den Übertragungsnetzbetreibern selbst der Neubau von großen Leitungen und sogar die Einführung einer neuen Technologie, der Hochspannungs-Gleichstrom-Übertragung, für notwendig erachtet wird. Über 20 Mrd. Euro sollten in den nächsten Jahren in die Stromautobahnen investiert werden. Vor Ort stießen die Pläne jedoch auf solch massive Gegnerschaft, dass insbesondere die bayerische Staatsregierung Zweifel an der Notwendigkeit des Leitungsausbaus angemeldet hatte. Von einem »neuen Wackersdorf« ist bei den Bürgerinitiativen die Rede – in Anspielung auf die großen Auseinandersetzungen um die Errichtung einer Wiederaufbereitungsanlage im oberpfälzischen Landkreis Schwandorf. Folge davon ist, dass die Bundesregierung Anfang Juli 2015 beschlossen hat, die geplanten neuen Gleichstromleitungen vor allem als Erdkabel auszuführen, was die Kosten erheblich steigern dürfte. Ob es den Widerstand bei den Bürgerinitiativen besänftigt, muss noch als offen gelten.

Was ist der Hintergrund für diese Kontroverse? Die Energiewende führt zu einer erheblichen geografischen Veränderung der Stromerzeugungskapazitäten. In den 70er und 80er Jahren wurden die Kernkraftwerke ja nicht aus Jux und Tollerei in den Süden der Republik gebaut, sondern, weil sich dort große Verbraucher in Form von großen Industriebetrieben ansiedelten bzw. ansiedeln sollten, Kohlekraftwerke waren aufgrund der hohen Transportkosten im Vergleich nicht wirtschaftlich. Mit dem Atomausstieg gehen diese Kapazitäten nun vom Netz und die neuen Erzeugungseinheiten entstehen vorrangig im Norden: Wind Onshore und Offshore, aber auch neue konventionelle Anlagen. Im Endeffekt entsteht im Norden ein Einspeiseüberschuss und im Süden ein entsprechendes Defizit. Die volkswirtschaftlich günstigste Lösung ist, die geografische Verteilung durch Netzausbau zu organisieren.

Soweit, so klar. Aber: Wie viel ist notwendig und gibt es Alternativen? Wieviel aus Sicht des Staates notwendig ist, wird in einem aufwändigen, jährlich (bzw. bald zweijährig) rollierenden Verfahren unter breiter Öffentlichkeitsbeteiligung festgelegt – dem sogenannten Netzentwicklungsplan (NEP). Die Übertragungsnetzbetreiber erarbeiten den Vorschlag, der öffentlich kommentiert werden kann. Der daraufhin erstellte

Abbildung Leitungsvorhaben nach dem Bundesbedarfsplangesetz

Quelle: »Karte BBPIG-Vorhaben« von Alexrk2 – own work, using Openstreetmapdata-Informationen der Bundesnetzagentur zum BBPIGNetzenwicklungsplan 2013. Lizenziert unter CC BY-SA 3.0 über Wikimedia Commons – https://commons.wikimedia.org/wiki/File:Karte_BBPIG-Vorhaben.png#/media/File:Karte_BBPIG-Vorhaben.png.

zweite Entwurf wird dann von der Bundesnetzagentur geprüft und erneut konsultiert. Der Netzausbaubedarf wird in diesem NEP anhand von verschiedenen Szenarien bewertet. Im NEP 2014 kommt man darin auf 5 300 km Netzverstärkungs- und 3 800 km Neubaumaßnahmen, wovon vier Leitungen mit insgesamt 2 000 km in HGÜ-Technologie ausgeführt werden sollen. Der NEP legt keine genauen Trassenverläufe fest. Sondern zunächst wurden 2013 im Bundesbedarfsplangesetz die Leitungen des vordringlichen Bedarfs festgelegt, woraufhin die Bundesnetzagentur mit der Bundesfachplanung und der Genehmigung beginnen kann. Auch dieses Gesetz wird turnusmäßig überprüft – das nächste Mal auf der Grundlage des NEP 2015.

Die Argumente der »Trassengegner« sind zahlreich: Die einen argumentieren energiewirtschaftlich und bezweifeln die Notwendigkeit, insbesondere der HGÜ-Leitungen. Zum

HGÜ-Leitungen

Soll Strom über sehr große Distanzen von mehreren hundert Kilometern übertragen werden, spielt der Gleichstrom seine Vorteile gegenüber Wechselstrom aus. Denn hochgespannt auf mehrere Hunderttausend Volt lässt sich Strom mit Hochspannungs-Gleichstromübertragung verlustarm transportieren. In China fasst z. B. die südlich Hami-Zhengzhou-HGÜ eine Übertragungsleistung von 8 000 MW über 2 200 km. In Deutschland sollen an Land vier Leitungen von Nord nach Süd als Punkt-zu-Punkt-Verbindungen entstehen.

Bei Seekabeln ist die ökonomische Grenze für die Wechselstrom-Übertragung schon bei mehreren 10 km erreicht. Daher wird der Netzanschluss für die Offshore-Windparks in der deutschen Nordsee ebenfalls als HGÜ ausgeführt.

einen würde damit nur »Braunkohlestrom« transportiert, zum anderen würden die »Monstertrassen« nur benötigt, um den europäischen Stromaustausch zu ermöglichen. In gewisser Weise stimmt natürlich beides: Es würde auch Braunkohlestrom übertragen, weil es keine Möglichkeit gibt, ein »Windstrom-Elektron« zu erkennen und nur dieses durch die Leitung zu lassen – sondern es wird immer ein Mix vorhanden sein. Das zweite Argument ist auch teilweise richtig:

Denn der Netzausbau ist für einen funktionierenden europäischen Strommarkt von entscheidender Bedeutung – und ohne Einbettung in Europa wäre die deutsche Energiewende schon heute nicht zu meistern. Als Alternative zum Netzausbau wird eine stärkere dezentrale Erzeugung in Süddeutschland oder die Errichtung von Gaskraftwerken vorgeschlagen. Bei näherem Nachdenken wird aber sehr schnell klar, dass einerseits die Potentiale dezentraler Erzeugung kaum ausreichen, um die Leitungen vollständig zu ersetzen. Andererseits wurde bisher noch kein gangbarer Weg vorgeschlagen, wie Gaskraftwerke im Süden rentabel große Mengen Strom erzeugen sollen.

Andere Trassengegner verweisen auf die Beeinträchtigungen von Mensch und Natur. Während gesundheitliche Folgen für Menschen umstritten sind, liegt der Einfluss auf die Natur von bis zu 70 Meter hohen Masten auf der Hand. Als Alternative zur Freileitung wird häufig eine Erdverkabelung vorge-

> **Aus dem Auge aus dem Sinn: Erdkabel**
> Stromkabel lassen sich als sichtbare Freileitung oder im Boden als Kabel verlegen. Das Niederspannungsnetz, welches die Wohnhäuser mit Strom versorgt, liegt fast überall unter der Erde, Hoch- und Höchstspannungsleitungen hängen dagegen meist am Mast.
> Nun sind Pilotprojekte für die Verkabelung von Höchstspannungsleitungen vorgesehen – nach dem Motto: Ist die Leitung in der Erde vergraben, sieht sie niemand und stört deshalb keinen. Klar: Erdkabel sind gut gegen die Witterung geschützt und stören das Landschaftsbild vermeintlich nicht. Man erhofft sich deshalb kurze Genehmigungszeiten. Die Verlegung von Hochspannungsleitungen im Boden ist jedoch sehr teuer und führt leicht zu fünfmal höheren Kosten. Auch Wartung und Reparaturen sind aufwändiger. Zudem ist die Ökobilanz auch keineswegs nur rosig: Bei einem 380 kV-Kabel erwärmt sich der Boden stark, er trocknet aus. Zudem ist nicht nur das Kabel selbst von tief wurzelnden Pflanzen freizuhalten – auch muss eine sehr breite Trasse für Wartungs- und Reparaturarbeiten zugänglich bleiben.

schlagen. Diese ist auch in den Netzentwicklungsplänen und um Bundesbedarfsplangesetz an einigen Stellen vorgesehen. Doch ob damit wirklich die Probleme behoben sind, ist fraglich (siehe Kasten).

Blackouts – eine reale Gefahr?

Was passiert, wenn der Netzausbau nicht klappt? Was, wenn nicht genug oder zu viel Leistung am verkehrten Ort zur Verfügung steht? Droht dann ein flächendeckender Blackout? Stünden wir dann vor einer Jahrhundert-Katastrophe wie in dem berühmten Roman »Blackout« von Marc Elsberg geschildert?

Zunächst einmal – es hat schon in der Vergangenheit Stromausfälle gegeben: Großräumige Blackouts sind allerdings historische Ereignisse – wie etwa jener 4. November 2006 an dem in Niedersachsen planmäßig eine 380 kV-Leitung abgeschaltet wurde, um einem neuen Kreuzfahrtschiff die Passage durch die Ems von der Werft in Papenburg zur Nordsee zu ermöglichen. In der Folge wurde durch eine Verkettung unglücklicher Umstände, bei der auch menschliches Versagen eine Rolle gespielt hat, die Verbindung zum benachbarten Höchstspannungsnetz überlastet, was wiederum letztlich die Konsequenz hatte, dass weitere Leitungen ausfielen und sich schließlich das gesamte europäische Verbundnetz in drei »Areas« trennte – der Techniker spricht hier von »kontrolliertem Lastabwurf«, um ein völliges Zusammenbrechen zu vermeiden. 15 Millionen Menschen in ganz Europa waren bis zu 120 Minuten ohne Strom. Weniger Glück hatten Verbraucher an der Ostküste der USA im Sommer 2012, als der Zyklon Sandy New York traf. Nach einem völligen Zusammenbruch der Stromversorgung mussten die Menschen in der Region teilweise bis zu einer Woche auf Wiederinbetriebnahme warten.

Angesichts der immer volatileren Stromversorgung und den Rückgang der Erzeugung im Süden Deutschlands wurden viele Horrorszenarien gemalt. Aber: Die Netzbetreiber haben bisher alles unter Kontrolle. Dass die Netzstabilität aber keine Selbstverständlichkeit mehr ist, zeigt eine Entwicklung: Noch vor 10 Jahren konnte Deutschlands größter Übertragungsnetzbetreiber, die TenneT, seine außergewöhnlichen

Eingriffe in den Netzbetrieb (u. a. Redispatch) im Jahr an einer Hand abzählen. Heute muss TenneT über 1 000 Mal ins

> **Redispatch**
> Unter Redispatch sind Eingriffe in die Erzeugungsleistung von Kraftwerken zu verstehen, um Leitungsabschnitte vor einer Überlastung zu schützen. Droht an einer bestimmten Stelle im Netz ein Engpass, so werden Kraftwerke diesseits des Engpasses angewiesen, ihre Einspeisung zu drosseln, während Anlagen jenseits des Engpasses ihre Einspeiseleistung erhöhen müssen. Auf diese Weise wird ein Lastfluss erzeugt, der dem Engpass entgegenwirkt.
> Der schrittweise Ausstieg aus der Kernenergie und die vermehrte Einspeisung von Strom aus erneuerbaren Energien wirken sich auf die Lastflüsse im Netz aus und führen dazu, dass Netzbetreiber häufiger als bisher Redispatch-Maßnahmen vornehmen müssen. Zudem muss die Kompensation fehlender Blindleistung sichergestellt werden. Blindleistung wird zur Spannungshaltung in den Übertragungsnetzen benötigt und muss gleichmäßig verteilt bereitgestellt werden.
> Die Anzahl der Stunden mit Redispatch-Maßnahmen stieg von ca. 1 600 im Jahr 2010 auf um 8 000 in 2013 und 2014 an. Die Kosten dafür stiegen von unter 50 Mio. Euro auf um die 150 Mio. Euro pro Jahr.

Netz eingreifen – und mit jedem Eingriff steigt natürlich die Gefahr eines Fehlers, der problematische Konsequenzen haben kann.

Der Verbraucher merkt davon bisher wenig: Von den 525 600 Minuten eines Jahres sind die Menschen in Deutsch-

> **Wer bezahlt den Stromausfall?**
> Der Ersatz von Schäden ist seit jeher Zankapfel, weil durch einen Stromausfall in Summe oft sehr hohe Schäden entstehen können. Daher hat der Gesetzgeber einen Mittelweg gewählt und Schadensersatz nur in Ausnahmefällen zugelassen. Damit fließen die Risiken von Stromausfällen nicht in voller Höhe in die Netzentgelte, der Kunde zahlt also im Ergebnis weniger für das Netz, bleibt aber bei Stromausfällen auf etwaigen Schäden sitzen.

land durchschnittlich nur um die 15 Minuten ohne Strom. Allerdings werden nach der offiziellen Zählung (SAIDI) nur Stromausfälle berücksichtigt, die länger als drei Minuten sind. Insbesondere die Industrie und Gewerbetreibende kritisieren, dass sehr kurzfristige Störungen zugenommen hätten, die Produktionsprozesse massiv behindern könnten. Das Argument scheint plausibel, der objektive Nachweis dafür fehlt allerdings noch.

Abbildung Stromausfallzeiten in Europa in Minuten pro Jahr

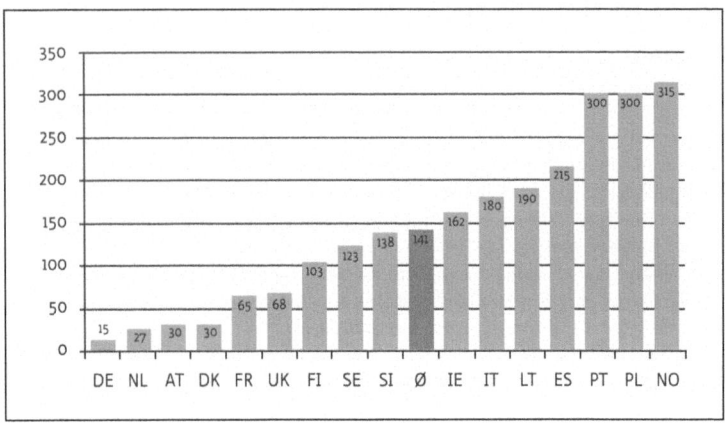

Quelle: Frontier Economics

Die Regeln der Regulierung

Das Stromnetz in Deutschland gehört also (noch) zu den zuverlässigsten weltweit. Sind wir damit gut gerüstet für die Zukunft? »Jein«, sagen viele Experten, Bürger und Politiker. Denn wie beim Kauf eines Autos spielt nicht nur die Qualität eine Rolle. Wichtig ist auch der Preis. Und hier setzt häufig die Kritik gegenüber den Netzbetreibern an. Stromnetze sind »natürliche Monopole«, d.h. es ist viel zu teuer mehrere Stromnetze parallel zueinander zu betreiben (gleiches gilt übrigens für Autobahnen, Schienen- und Telekommunikationsnetze). Konkurrenz durch verschiedene Wettbewerber wird es im Stromnetzbereich nicht geben. Skepsis besteht deshalb, dass über das Monopol die Preise in die Höhe getrieben werden.

Mit dem Ziel, angemessene Preise zu erreichen, greift der Staat über die Bundesnetzagentur, in die Stromnetzpreise ein: Seit Anfang 2009 gilt die Anreizregulierung. Wie funktioniert sie? Einfach gesprochen schaut die Bundesnetzagentur auf die Kosten aller Netzbetreiber, die sich im Wesentlichen aus Kapitalkosten (neudeutsch CAPEX) und Betriebskosten (OPEX) zusammensetzen. Einige Bestandteile sind unveränderlich, z. B. aufgrund der Beschaffenheit eines Versorgungsgebietes mit langen oder kurzen Leitungen, dünner oder dichter Besiedlungsdichte, Hügeln, Bergen oder plattem Land, lockerem Boden oder Steinboden. Durch die Berücksichtigung dieser Punkte wird zunächst Vergleichbarkeit hergestellt. Danach geht es an die Ermittlung des Klassenbesten, der fortan Messlatte für alle anderen Schüler ist. Letztere erhalten von der Bundesnetzagentur nicht nur Obergrenzen für die Entgelte, die sie für die Nutzung der Netze durch andere verlangen dürfen, sondern auch für die Erlöse, die sie hiermit erwirtschaften dürfen – ein aufwändiges Verfahren, das einer kompletten Wirtschaftsprüfung nahe kommt und Außenstehende längst nicht mehr durchdringen.

Die Obergrenzen wurden erstmals am 1. Januar 2009 festgelegt und gelten für fünf Jahre. In dieser Zeit haben die Netzbetreiber Zeit, ihre Betriebskosten zu senken. Für die Verbraucher heißt das, wenn auch mit einer gewissen Verzögerung: niedrigere Strompreise durch niedrigere Netzpreise. Doch auch Unternehmen, die den Betrieb ihrer Netze besonders effektiv gestalten, können profitieren. Wem es gelingt seine Kosten stärker zu senken, als es die Obergrenzen für Preise und Erlöse vorgeben, darf die zusätzlichen Gewinne behalten – dies ist der Anreiz, Klassenprimus zu werden oder Klassenprimus zu bleiben. Einige Ausnahmen gibt es für Investitionen, auch die Größe der Unternehmen spielt eine Rolle, da kleinere Netzbetreiber vermeintlich nicht so effizient sein können. Unternehmen bis 30 000 Kunden werden daher von den Landesregulierungsbehörden kontrolliert.

Warum der Aufwand? Das neue System und die Kontrolle bringt Schwung in die Netzmonopolisten, die sich nun am Besten orientieren müssen, also steigt die Effizienz. Risiken sind dabei allerdings nicht auszuschließen, denn wenn der Klassenprimus unerreichbar ist, wird der Frust unter den Durchschnittsschülern, welche die Leistung niemals erreichen können, groß. Als Folge werden ineffiziente Netzbetreiber alle Kosten zusammenstreichen und nicht mehr investieren. Die Folgekosten könnten durch dieses verständliche Verhalten höher werden, wenn nämlich Teile des Netzes verrotten und dann aufwändig saniert werden müssen. Es ist hier wie bei einem Auto: Auch ein altes Auto bleibt bei fortwährender Pflege und Inspektionen zu vertretbaren Kosten fahrtüchtig, wird innerhalb von fünf Jahren aber nichts investiert, frisst sich der Rost durch die Karosserie und die Mängelbeseitigung am Ende kommt teurer als die normalen Inspektionen.

Und schließlich berücksichtigt die Regulierung nicht die Anforderungen der Energiewende an die Netzbetreiber – insbesondere der Einsatz von intelligenten Technologien wird nicht ausreichend anerkannt. Netzbetreiber, die in niedrige Spannungsebenen investieren müssen, müssen zudem oft Jahre auf ihren »Return on Investment« warten – und das obwohl ja gerade da der Netzausbaubedarf unstrittig ist. Hier müssten durch die Regulierung ausreichend Anreize geschaffen werden.

Zusammenfassung

- Das Stromnetz ist mit dem Straßennetz vergleichbar: Die Stromautobahnen bilden die großen Übertragungsleitungen mit 220 bzw. 380 kV. Die 110 kV-Ebene sind die Bundesstraßen. Die darunterliegenden Spannungsebenen des Verteilnetzes kann man mit Land-, Orts- und Erschließungsstraßen vergleichen. Dabei ist das Stromnetz viel länger als das Straßennetz.
- Da Strom nicht speicherbar ist, müssen Erzeugung und Verbrauch jederzeit ausgeglichen sein, um das Netz stabil

zu halten. In den Netzleitstellen wird die Synchronität zeitlich und auch örtlich sichergestellt. Netzengpässe verlangen dabei unter Umständen zu Redispatch-Maßnahmen.

- Da sich Verbrauch und Erzeugung durch den Umstieg auf Erneuerbare zeitlich und örtlich entkoppeln, bedarf es auf Übertragungsnetzebene eines umfassenden Netzausbaus, bei dem sich die Frage der gesellschaftlichen Akzeptanz mit hoher Sensibilität stellt.
- Auch auf Verteilnetzebene sind massive Investitionen in den Ausbau und das Intelligent-Machen der Leitungen notwendig. Verteilnetze sind das Rückgrat der Energiewende, da mehr als 90 % der Anlagen an diese Spannungsebenen angeschlossen sind. Die Regeln der Regulierung bilden diese neue Welt noch nicht ausreichend ab.
- Der internationale Stromaustausch trägt nicht nur erheblich zur Netzqualität in Deutschland bei, sondern ohne ihn wäre die Energiewende schon heute nicht zu leisten. Kein Land in Europa hat so viele offene Grenzen für Strom wie Deutschland und kaum ein Land hat niedrigere Stromausfallzeiten.

4.5 Zehn Minuten Markt und Preise

Einmal Wettbewerb und zurück?

Strom und Markt? Lange Zeit waren das zwei verschiedene Welten. Die Energieversorgung in Deutschland war früher ausschließlich monopolistisch organisiert. Das Stadtwerk oder ein Energieversorgungsunternehmen (EVU) belieferte den »Abnehmer« oder den »Zählpunkt« in ihrem Gebietsmonopol zu behördlich festgelegten Tarifen an fest definierten Übergabepunkten mit Wasser, Gas und Strom. Diese Wortwahl klingt so alt wie sie ist – galt aber bis Ende der 90er Jahre. Seit 1935 erlaubte es das Energiewirtschaftsgesetz nämlich, dass die Kommunen ausschließliche Konzessionen an die

Energieversorgungsunternehmen vergeben durften. Das hieß konkret: Der Kunde X in einer Stadt Y bekommt Strom nur vom Versorger Z. Das de facto schon vorher bestehende Mo-

> **Monopole**
> Monopol bedeutet – frei aus dem Griechischen übersetzt – »allein verkaufen«. An Monopolen wird oft kritisiert, dass sie ineffizient sind und den Kunden überhöhte Preise in Rechnung gestellt werden, die auf dem freien Markt so niemals entstehen würden.
> Es gibt dennoch Bereiche der Wirtschaft, in denen es weiterhin Monopole gibt, die entweder »künstlich« oder »natürlich« sind. Die künstlichen Monopole werden oftmals vom Staat selber geschaffen. Für bestimmte Waren treten alleinige Anbieter auf, die die Preise diktieren können. Sie werden oft zum Füllen der Staatskasse genutzt, z. B. historisch das Salzmonopol der Habsburger oder das Glücksspielmonopol in Deutschland. Daneben gibt es natürliche Monopole, z. B. eben die Netzbetreiber in der Energieversorgung. Auch Unternehmen, die ein ganz bestimmtes Produkt herstellen und anbieten, auf das eine Vielzahl von Kunden zurückgreifen (müssen), z. B. die Google-Suchmaschine, sind quasi Monopolisten.

nopol der Stadtwerke und der Versorgungsunternehmen war damit fest zementiert.

Warum eigentlich? Ähnlich wie bei Bahn, Telefon und Bus wurde auch im Energiebereich politisch der Schwerpunkt auf Versorgungssicherheit gesetzt und daher unter staatliche Kontrolle gestellt – aus Sicht der öffentlichen Hand machte es auch keinen Sinn, parallele Infrastrukturen zu bauen, z. B. zwei nebeneinander liegende Autobahnen oder eben mehrere nebeneinanderliegende Stromnetze. Das Risiko: Monopolisten sind anfällig für Quersubventionierungen, wodurch Wettbewerb unterbunden wird, da andere Unternehmen nicht mehr mithalten können. Dies könnte dann so aussehen: Das Stadtwerk X nimmt ein zu hohes Netzentgelt, wodurch Wettbewerber von einer Belieferung von Kunden mit Strom in diesem Stadtgebiet abgehalten werden, weil sich eine Kundenbelieferung nicht rechnet. Sobald doch ein Wettbewerber die Entgelte bezahlen sollte, werden die ungerechtfertigten Überschüsse aus den Netzen genommen und der eigene Stromvertrieb des Stadtwerks damit alimentiert.

Frischen Wind ins Stromgeschäft brachte Mitte der 90er Jahre die EU und die Bundesregierung: Das erste Energiebinnenmarktpaket und das neue Energiewirtschaftsgesetz schafften die verordneten Gebietsmonopole ab und gewährte konkurrierenden Anbietern einen diskriminierungsfreien Zugang zum Netz. Seither kann jedes Stromunternehmen und jeder Stromhändler von jedem Produzenten Strom kaufen oder selbst Strom produzieren, diesen über das natürliche Monopol des Netzbetreibers zu regulierten Preisen transportieren und ihn an jeden seiner Kunden verkaufen. Die Marktöffnung wurde nach einigen Startschwierigkeiten mit der Schaffung der Regulierungsbehörde gesetzlich weiter ausgestaltet: Die Bundesnetzagentur genehmigt die Netztarife und die möglichen Erlöse. Sie beaufsichtigt außerdem die Trennung des Netzbereiches von allen anderen Geschäftsbereichen eines Energieversorgers wie Erzeugung, Handel und Vertrieb. Übertragen auf einen Supermarkt heißt das: Jeder Hersteller kann seine Waren an den Supermarkt liefern. Für die Einstellung der Waren ins Regal zahlt er ein behördlich festgelegtes Entgelt. Verweigert der Supermarkt die Auslage der Ware, sind Schadensersatz und Bußgeld die Folge.

Was bedeutet das für die Energie- bzw. Stromwirtschaft? Netzbetreiber bleiben natürliche Monopolisten, aber in den restlichen Bereichen herrscht Markt – theoretisch jedenfalls. Die wichtigsten Bereiche sind der Stromhandelsmarkt und der Endkundenmarkt.

Ein Markt für elektrische Energie
Auf dem Strommarkt treffen sich Stromangebot, d. h. also die Erzeugung von Elektrizität in Kraftwerken aller Art, und Stromnachfrage. Allerdings nicht unmittelbar die Nachfrage der »normalen« Endkunden z. B. im Haushaltssektor, sondern die Nachfrage von Unternehmen, die die erzeugte Energie an ihre Kunden weiterliefern (Stromvertriebe) oder die selbst

große Kunden sind und den Strom selbst verbrauchen. Das ist auf anderen Gütermärkten traditionell ganz ähnlich organisiert: In Fabriken wird z. B. Porzellan hergestellt, das zunächst von Großhändlern gekauft wird. Diese verkaufen die Teller und Tassen dann weiter an Einzelhändler, von denen die Privatkunden das Geschirr erwerben können. Große Hotelketten kaufen dagegen ihren Bedarf beim Großhändler direkt. So hat man auch beim Strom die Wertschöpfungsstufen Erzeugung, Handel und Vertrieb – dem Netz würden dann die Lastwägen entsprechen, die das Porzellan verteilen.

Die Eigenheit auf dem Strommarkt ist, dass das gehandelte Gut nicht speicherbar ist. Der Porzellangroßhändler wird sei-

> **Commodity**
> Unter »commodities« versteht man Rohstoffe oder Waren einer bestimmten Art und Güte, die an einer Börse gehandelt werden. In den USA wurden ab dem 19. Jahrhundert landwirtschaftliche Güter, wie z. B. Rinder und Schweine (gerne auch als Hälften), Weizen oder Mais gehandelt, später kamen Primärenergieträger, wie z. B. Öl, Kohle oder Gas hinzu. Heute werden auch Solarzellen wie Commodity gehandelt. Strom war bis vor einigen Jahren nur an einigen Börsen vertreten, zumeist in den Ländern, wie z. B. Großbritannien oder den nordischen Staaten in Europa, die ihre Märkte frühzeitig geöffnet haben. Heute wird Strom entsprechend gehandelt, da er ja in gleicher Art und Güte von verschiedenen Kraftwerken und unterschiedlichen Unternehmen hergestellt werden kann. Physikalisch ist es ziemlich egal, ob die Elektronen aus einem Generator stammen, der mit Atom-, Gas-, Kohle- oder Windkraft angetrieben wird.

ne Lagerhaltung zwar optimieren, aber er hat damit einen entsprechenden Puffer, um Wareneingang und -ausgang zu managen. Beim Strom geht Speichern nicht – zumindest nicht in sehr großem Umfang nicht zu bezahlbaren Preisen. Also muss die Erzeugung weitgehend der Nachfrage folgen. Die Prognose ist deshalb von entscheidender Bedeutung. Das betrifft in einer Energiewelt mit viel Wind- und Sonnenkraft nicht mehr nur die Vorhersage der Nachfrage und der zur Verfügung stehenden konventionellen Kraftwerkskapazität, sondern vor allem sind die Wetterprognosen entscheidend: Wie viel Wind wird morgen wehen? Wann ziehen Wolken über die vielen Solarmodule? Das hat dazu geführt, dass vielmehr Daten über das Wetter gesammelt werden, neue Satelliten ins Weltall geschossen wurden, um so die Prognosequalität zu verbessern. Auf der Grundlage dieser Prognosen wird Strom – wie andere Produkte wie z. B. Fleisch oder Sojabohnen – auf verschiedenen Märkten gehandelt: (1) auf Terminmärkten und (2) auf den Spot-Märkten. Weil Strom nicht speicherbar ist, gibt es noch den Regelenergiemarkt, der auch das physikalische Gleichgewicht von Angebot und Nachfrage sichert.

Auf den Terminmärkten können Stromlieferungen für bis zu sechs Jahre im Voraus vereinbart werden. Die Langfristgeschäfte werden über so genannte »futures« abgedeckt. Anbieter und Abnehmer vereinbaren, für die Zukunft eine bestimmte Menge Strom zu einem bestimmten Zeitpunkt zu erhalten. Wenn mit einem bestimmten Kunden ein Stromliefervertrag geschlossen wurde, der erst in zwei Jahren beginnt, kann sich der Lieferant am Terminmarkt bereits mit Strom eindecken. Die »futures« sind auch immer ein wenig eine Wette auf den Strompreis von übermorgen, da niemand mit Sicherheit prognostizieren kann, wo der Strompreis in zwei oder drei Jahren stehen wird. Auf der anderen Seite schaffen »futures« Sicherheit, da man mit festen Preisen und Lieferungen rechnen kann – würde man allein auf Kurzfristlösungen vertrauen, also den Strom nur kurz vor der Lieferung beschaffen, wären die Risiken ungleich größer, da nicht sicher ist, ob es überhaupt ausreichend Strom gibt und durch die Unsicherheit dieser Preis noch stärker schwanken würde.

Der Spot-Markt unterteilt sich in den »Day ahead«- und den »Intraday-Markt«. Im Day ahead-Markt werden Stromlieferungen für den nächsten Tag gehandelt. Die Kraftwerksbetreiber können kurzfristig planen, wann wieviel Strom in ihrer Anlage am nächsten Tag produziert werden soll, die Käufer können am Tag zuvor gut abschätzen, wann wieviel Strom benötigt wird. Beim Kurzfristeinkauf im Intraday-Handel können Stromlieferungen bis zu 45 Minuten vor Lie-

Abbildung Verbrauchskurve eines Stromkunden, sog. »Lastprofil«

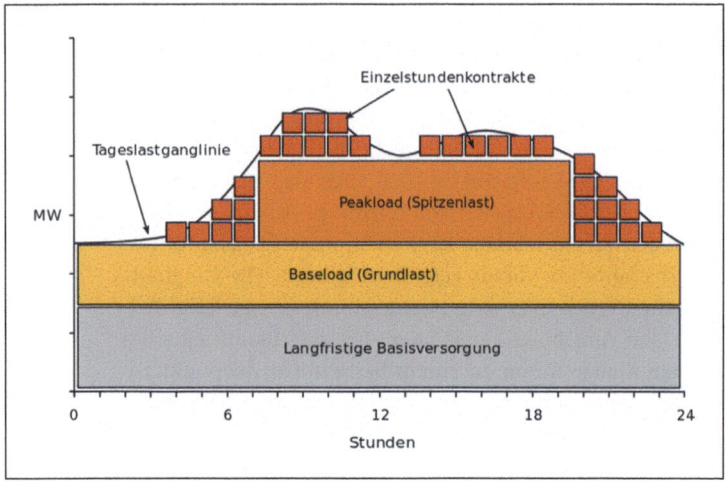

Quelle: »Strombörse Stromverbrauch Lastprofil« von Peter Gerstbach. Lizenziert unter CC BY-SA 3.0. https://commons.wikimedia.org/wiki/File:Stromb%C3%B6rse_Stromverbrauch_Lastprofil.png#/media/File:Stromb%C3%B6rse_Stromverbrauch_Lastprofil.png

Grundlast- und Spitzenlastblöcke: Grundlast – oder baseload – »wird immer benötigt«, hier hat die Börse als Produkt die so genannten 24-Stunden Blöcke im Angebot. Für Spitzenlast finden »peak load Blöcke« als weiteres Produkt Anwendung.

ferbeginn vereinbart werden. Über dieses Produkt können plötzliche Überschüsse eines Kraftwerks den plötzlichen Bedarf eines Abnehmers decken: Ein Kraftwerk hat noch etwas »Luft« und ein Kunde braucht schnell noch etwas Strom.

Beide Märkte – Termin und Spot – haben ihre Berechtigung, sie stehen zwar im Wettbewerb, orientieren sich aber aneinander und haben auch unterschiedliche Zielsetzungen. Im Terminmarkt wird sich ein Großkunde immer eindecken, um eine planbare Sicherheit zu haben, an einem Tag des Folgejahres Strom zu einem bestimmten Preis zu bekommen.

Der Spotmarkt dient in der Regel dem kurzfristigen Kauf oder Verkauf von Gütern. Ein Stadtwerk, Stromvertrieb oder Groß-

> **Bilanzkreise und Ausgleichsenergie**
> Wie wird nun konkret für den Ausgleich zwischen Stromerzeugung und Verbrauch gesorgt? Eigentlich könnte doch jeder Stromlieferant einfach Strom an seine Kunden verkaufen und der systemverantwortliche Übertragungsnetzbetreiber (ÜNB) müsste dann schon für den Ausgleich sorgen. Damit es eine solche anarchische Verantwortungslosigkeit nicht gibt, gibt es die Bilanzkreisverantwortung. In einem Bilanzkreis sind beliebig viele Einspeise- oder Entnahmestellen zusammengefasst. Meist bilden die Kunden eines Stromhändlers einen Bilanzkreis. Die Verantwortlichen müssen am Vortag den Verbrauch ihres Bilanzkreises benennen und auch die Erzeuger müssen einen Fahrplan anmelden. Es gibt zudem reine Handelsbilanzkreise, die nur gehandelte Strommengen umfassen.
> Der Einspeisung und Ausspeisung müssen in jeder Viertelstunde im Einklang sein. Kommt es dann doch zu Abweichungen, behebt der ÜNB durch die Lieferung von Ausgleichsenergie. Dafür beschafft er Regelenergie. Jedoch müssen nicht für alle Abweichungen jedes Bilanzkreises Ausgleichsenergiemengen beschafft werden, weil sich Unter- bzw. Überdeckungen z. T. gegenseitig aufheben. Der Anreiz zur Bilanzkreistreue ist natürlich, da die Ausgleichsenergie teurer ist als der regulär beschaffte Strom.

kunde wird immer eine Mischvariante wählen, um Risiken und Chancen zu streuen.

Eigentlich ist das ähnlich wie in einem Haushalt: Der Tageseinkauf umfasst das, was immer und frisch gebraucht wird,

> **Regelenergiemarkt und Regelverbund**
> Markt ist das eine, Physik das andere. Wenn es auch im Vorfeld auf dem Strommarkt zu einem Ausgleich zwischen Angebot und Nachfrage kommt, bedeutet das nicht, dass es auch ein physikalisches Gleichgewicht gibt. Z. B. kann es ja zu einem ungeplanten Ausfall eines Kraftwerks kommen oder der Wind stärker oder schwächer wehen wie prognostiziert. Die Physik ist aber für Netzstabilität entscheidend, zu jedem Zeitpunkt muss ja Stromproduktion und -verbrauch synchronisiert sein.
> Um Ausgleichsenergie liefern zu können, schreiben die Übertragungsnetzbetreiber sogenannte Regelleistung aus. Regelbare Kraftwerke müssen je nach Anforderung ihre Einspeiseleistung erhöhen oder senken. Kraftwerke in der Primärregelung müssen das mit äußerster Zuverlässigkeit schon innerhalb von 30 Sekunden können. Die Primärregelung erfolgt übergreifend im gesamten europäischen Verbundnetz und seit April 2015 es gibt einen Primärregelmarkt für Deutschland, Österreich, Schweiz und Niederlande. Danach kommt die Sekundärregelung nach spätestens 15 Minuten zum Zug, schließlich die Tertiärregelung (Minutenreserve).
> Damit die vier Übertragungsnetzbetreiber in Deutschland in ihrer jeweiligen Regelzone nicht gegeneinander regeln und damit unnötig viel Regelenergie beschaffen, wurden sie 2010 zu einem Regelverbund zusammengeschlossen.

Brötchen oder Milch. Kommt nachmittags unangekündigt Besuch, muss noch schnell was besorgt werden, z. B. der Kuchen. Beim Wochen- oder Monatseinkauf wird bereits etwas im Voraus geplant: Welcher Besuch kommt wann mit wieviel Personen, was wird wann in welchen Mengen gekocht, wieviel braucht man dazu, was fehlt? Schließlich gibt es auch die Großeinkäufe, die der Abdeckung des Bedarfs über eine große Zeitspanne dienen: Der Sack Kartoffeln oder fünf Kisten Wein, die vor einer Familienfeier geliefert werden sollen.

Für den Handel mit Strom ist die Strombörse als öffentlich zugänglicher Marktplatz für elektrische Energie eine zentrale Institution. Hier tummeln sich Erzeuger, Händler ohne eigene Erzeugung, Zwischenhändler und große Endkunden wie Industrieunternehmen und Stadtwerke. Der Strommarkt dient also zur Deckung des eigenen oder fremden Strombedarfs und der Vermarktung von Strom.

Die deutsche Strombörse ist die European Energy Exchange (EEX). Neben Strom werden dort aber auch Erdgas, CO_2-Emissionsrechte, Kohle sowie Herkunftsnachweise für Grünstrom gehandelt. Im Strombereich finden seit 2009 hier nur noch Termingeschäfte für die gemeinsame deutsch-österreichische Preiszone und für Frankreich statt. Der Spot-Markt wurde in dem Jahr von der EPEX Spot in Paris übernommen, an der die EEX und die französische Börse Powernext zu je 50 Prozent beteiligt sind. Die französische und deutsche Day-Ahead-Auktion sind Teil der Preiskopplung in Nordwesteuropa, die am 4. Februar 2014 startete. Sie verbindet die Märkte von Benelux, Frankreich, Deutschland, Österreich, Großbritannien, den nordischen und den baltischen Staaten durch ein Preiskopplungssystem. Diese Preiskopplung wurde am 13. Mai 2014 auf die iberische Halbinsel ausgeweitet und umfasst nun rund drei Viertel des europäischen Stromverbrauchs (siehe Kasten).

Wichtig für das Funktionieren der Börse ist eine ausreichende Liquidität, d. h. genügend Marktteilnehmer müssen eine ausreichend hohe Strommenge handeln, damit Wettbewerb entsteht. Wie auf jedem Markt müssen also genügend

> **Market Coupling – auf dem Weg zum europäischen Strom-Binnenmarkt**
> Ziel des europäischen Strom-Binnenmarktes ist es, dass Europa quasi eine »Kupferplatte« ist, d. h. dass jeder Strom, der irgendwo in Europa erzeugt wird, an jeder Stelle in Europa zur Verfügung steht. Dabei sollte das jeweils günstigste Kraftwerk eingesetzt werden und doppelte Kapazitätsvorhaltung vermieden werden. Dieses Ziel ist durch die zur Verfügung stehende Kapazität der Grenzkuppelstellen, durch die die Netze der Länder verbunden sind, limitiert.
> Die Gebote der Stromerzeuger finden zunächst innerhalb der jeweiligen Preiszone statt. Deutschland und Österreich haben eine gemeinsame Gebotszone. Der Börsenpreis am Day-Ahead-Markt wird für die gekoppelten Märkte gemeinsam ermittelt. In einem iterativen Prozess wird dann die Stromnachfrage in der Marktzone durch die günstigsten Stromangebote aus allen Marktgebieten bedient, bis die Verbindungen zwischen den Marktzonen ausgelastet sind. Durch die Marktkopplung wird die nationale Stromnachfrage durch das international günstigste Angebot gedeckt. Dies führt dazu, dass insgesamt weniger Kapazitäten zur Deckung der Nachfrage nötig sind
> Direkt gekoppelt über einen gemeinsamen Market Clearing Algorithmus ist Deutschland mit den nordischen Staaten (Dänemark, Finnland, Norwegen, Schweden), mit Großbritannien und den anderen Staaten Zentralwesteuropas (Belgien, Frankreich Luxemburg, Niederlande) sowie indirekt mit den baltischen Staaten und Polen, die über einen gemeinsamen Market Coupling Algorithmus mit dem nordischen Markt gekoppelt sind.

»Verkaufsstände« mit ausreichendem Warenangebot und möglichst viele Nachfrager vorhanden sein. Hier haben die Strombörsen schon einiges vorzuweisen: An der EEX z. B. handeln rund 220 Akteure, ebenso viele sind es an der EPEX Spot. Das Handelsvolumen am EEX-Terminmarkt für Strom belief sich im Jahr 2013 auf 1 263,9 TWh, also etwa das doppelte der gesamten deutschen Stromerzeugung. In Paris wurden 2013 insgesamt 346 TWh (2012: 339 TWh) am Spot-Markt gehandelt.

Der Gesamtmarkt für Strom ist aber noch viel größer. Der außerbörsliche Stromhandel übersteigt im Vergleich das Börsenvolumen – hier erfolgen Stromverkaufs- und Kaufgeschäfte direkt zwischen den Parteien oder über spezialisierte Vermittler »über den Tresen«, weshalb diese Form des Handels neudeutsch »over-the-counter« oder »OTC« Handel genannt wird. Am OTC Handel wird die Intransparenz kritisiert, da die Tresengeschäfte, also z. B. Volumen und Preis nicht veröffentlicht werden. Aufgrund der hohen Handelsvolumina wird befürchtet, dass durch OTC Geschäfte der Börsenpreis manipuliert werden könnte, weshalb die europäischen und nationalen Kartellbehörden diesem Markt besonderes Augenmerk widmen.

Das Merit-Order-Prinzip

Wie bildet sich nun der Preis an der Börse? Zunächst einmal hat er nur wenig mit dem Preis für den Strom der normalen

> **Der Strompreis von morgen – ein Blick in die Glaskugel**
> Der Strompreis wird von einer Vielzahl von Einflüssen geprägt, deren Vorhersehbarkeit schwierig ist. Wesentliche Faktoren sind Brennstoffpreise, CO_2-Kosten, Auflagen, Verfügbarkeit der Kraftwerke, Neubau von Kapazitäten und Importmöglichkeiten aus dem Ausland. Vor allem politische Entscheidungen können die ganze Prognose über den Haufen werfen, wie z. B. neue Steuern und Abgaben, die Stilllegung ganzer Kraftwerksflotten (Atom) oder die Verteuerung von Kohleerzeugung. Auch die gesamtwirtschaftliche Entwicklung ist entscheidend, da die Wirtschaft in Zeiten von Rezession und Krise einfach weniger Strom nachgefragt wird

Kunden zu tun. Während Haushalte 2014 etwa 29 ct/kWh bezahlten, bekamen Kraftwerksbetreiber an der Börse im Schnitt gerade mal 3,5 ct/kWH. Aber wie kommt man darauf?

Strom wird sehr unterschiedlich nachgefragt, mal viel, mal wenig, von einigen Kunden manchmal gar nicht. Die Kraftwerkskapazitäten müssen sich aber an der höchsten Last oder dem Gipfel der »Lastspitze« ausrichten, damit die Versorgung noch funktioniert, wenn alle Kunden Licht anmachen, ihre Weihnachtsgänse braten und Fabriken ihre Maschinen auf Hochtouren fahren. Den überwiegenden Rest des Jahres überlegen die Kraftwerksbetreiber also, wie sie ihren Kraftwerkspark möglichst verbrauchsnah und effizient betreiben.

Die Planung eines Taxiunternehmers verläuft ähnlich: Wann ist wo mit welchen Kunden zu rechnen und wie viele Autos werden dafür eingesetzt? Dabei werden vom Taxiunternehmer Fixkosten wie Steuer, Versicherung, Fahrerlohn, Kapitalkosten und Wartung sowie variable Kosten wie vorwiegend Benzin und Abnutzung des Fahrzeugs betrachtet. Diese Kosten bilden zusammengenommen die Vollkosten. Die Entscheidung, ob und welches Taxi eingesetzt werden soll, hängt von den sogenannten »Grenzkosten« ab. Kurz: Kann auch das für den Unternehmer teurere Fahrzeug auf die Straße geschickt und damit noch Geld verdient werden?

Gleiches gilt für die Kraftwerke, die zwar nicht mit Benzin, sondern mit Kohle, Gas oder Uran laufen, die aber auch wie

> **Strompreis und andere Märkte**
> Die Grenzkosten bestimmen als variable Posten den Handelspreis für Strom. Dadurch hängt der Börsenstrompreis auch von der Entwicklung auf anderen Handelsmärkten ab. Sind etwa die Preise für Steinkohle oder CO_2-Emissionsrechte auf Höhenflug, steigen auch die Grenzkosten. Und sogar eine Hitzewelle in Südeuropa kann an der Strombörse EEX zu Ausschlägen führen. Denn wenn dort alle Klimaanlagen auf Hochtouren laufen, wird unter Umständen auch hierzulande Last hochgefahren.

ein Taxi gewartet werden müssen, Kapitalkosten verschlingen und von Menschen betrieben werden, die Lohn erhalten. Sie haben also auch fixe und variable Kosten, die zusammen die Vollkosten ausmachen. Die Einsatzplanung (»Dispatch«) im Kraftwerksbereich richtet sich nach einer Rangliste, die man neudeutsch »Merit Order« nennt: Sie bestimmt, welche Kraftwerke wann betrieben werden. Die Erzeuger werden Strom aus einem großen Kraftwerk aber immer unter den Vollkosten und nur zu den Grenzkosten (v. a. Brennstoffkosten und CO_2-Preise) verkaufen. Grund: Der erzielte geringere Gewinn bei einem Gebot zu den variablen Kosten ist besser als nichts. Gäbe es nachts ein Überangebot an Taxis, würde der Fahrerlohn einen großen Teil der Fixkosten ausmachen und der Taxiunternehmer würde Fahrgäste in dieser Zeit auch für ein

Abbildung Typisierte Merit-Order

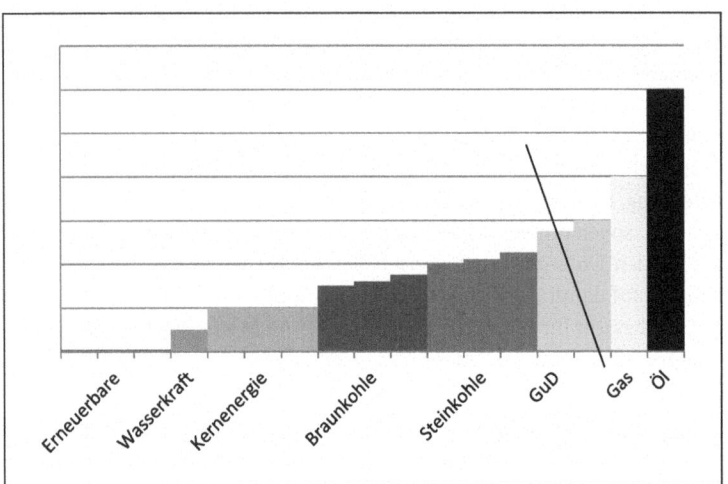

Quelle: Eigene Darstellung. Vertikale Achse: Grenzkosten in Euro/MWh; horizontale Achse: installierte Leistung in MW.

geringeres Transportentgelt unterhalb der Vollkosten transportieren. Anders als im Strommarkt ist das allerdings nicht möglich, weil die Beförderungsentgelte behördlich vorgegeben sind.

Die Merit-Order ist also eine Reihung von Kraftwerken nach ihren Grenzkosten. Es wird immer gerade noch das Kraftwerk eingesetzt, das noch gebraucht wird, um den Bedarf zu decken (Grenzkraftwerk). Dabei stehen ganz links mit Grenzkosten gleich Null die Erneuerbaren Energien – aus zwei Gründen: Zum einen wegen ihres gesetzlichen Einspeisevorrangs, zum anderen weil Wind und Sonne tatsächlich sehr geringe variable Einsatzkosten haben. Mit und ohne Einspeisevorrang – Wind- und Solarenergie würden immer als Erste gezogen werden. Danach kommt die Wasserkraft, dann die Kernenergie und dann die Braun- und Steinkohle. Die Gas- und Dampfkraftwerke stehen schon sehr weit hinten in der Reihung, gefolgt nur noch von einfachen Gasturbinenkraftwerken und Kraftwerken, die teures Mineralöl einsetzen.

Der Preis entsteht nun an der Stelle, an der die Nachfrage die Angebotskurve schneidet. Die Nachfrage ist dabei nicht statisch, sondern zumindest etwas elastisch, weswegen in der Grafik die Linie auch nicht ganz vertikal steht. Denn zumindest bei sehr hohen Preisen würden einige Nachfrager, die flexible Lasten haben, ihren Bedarf drosseln, z. B. große Industriebetriebe, die ihre Prozesse steuern können.

Was ist die Folge eines Marktes, an dem das Grenzkraftwerk den Preis setzt? Alle Kraftwerke, die niedrigere variable Kosten haben als das Preis setzende Kraftwerk, verdienen eine Marge, mit der sie nicht nur die Einsatzkosten, sondern auch die anfallenden Fixkosten, z. B. für das Personal, decken können. Der Deckungsbetrag ist umso höher, je weiter das Kraftwerk in der Merit Order rechts vom Schnittpunkt mit der Nachfrage steht. So können derzeit Kraftwerke mit hohen festen Kosten, aber geringen variablen Kosten ihr Geld verdienen, wie z. B. Kernkraftwerke oder Braunkohlekraftwerke.

Die Erneuerbaren-Förderung wirkt auf die Merit Order nun massiv ein. Denn dadurch, dass – salopp gesagt – neue Kapazitäten vorne in die Kurve hinein subventioniert werden, rückt die Merit Order nach links. Hinzu kommt der Rückgang der Stromnachfrage in Europa durch die Rezession. Der Börsenstrompreis nahm deshalb seit 2008 deutlich von etwa 8 ct/kWh auf knapp 3,5 ct/kWh ab, so dass teure Kraftwerke nicht mehr zum Einsatz kommen.

Muss sich Leistung lohnen? Die Diskussion um Kapazitätsmärkte

Insgesamt wurde durch die Politik in den vergangenen Jahren aber massiv auf die Funktionsweise des Marktes eingegriffen: EEG-Förderung, KWK-Förderung, Eigenstromerzeugungs-Privileg, Verordnung über abschaltbare Lasten – all das und noch mehr wirkt sich auf den Strommarkt aus. Mit dem Rückgang der Börsenpreise entsteht nun ein Problem vor allem für die Gaskraftwerke. Nicht nur, dass sie in immer weniger Stunden im Jahr laufen, sondern sie verdienen in den Stunden, in denen sie eingesetzt werden kein zusätzliches Geld, um die Fixkosten zu decken, weil sie häufig selbst den Preis setzen. Die Folge: Bei der Bundesnetzagentur waren im April 2015 rund 12 000 MW Kraftwerkskapazitäten zur endgültigen oder vorläufigen Stilllegung angezeigt.

Nun könnte man einerseits schulterzuckend sagen, gut, dann ist es halt so: Es sind offensichtlich Überkapazitäten im Markt, die abgebaut werden müssen. Andererseits wird mit den Gaskraftwerken gerade ein Kraftwerkstyp vom Markt verdrängt, der gut in die Energiewende passt: Gaskraftwerke können ihre Erzeugung flexibel anpassen und haben im Vergleich zu Kohlekraftwerken einen deutlich niedrigeren CO_2-Ausstoß.

Und viel akuter: Durch den Kernenergieausstieg entsteht eine große Lücke an Erzeugungskapazität im Süden Deutschlands, die so schnell nicht durch Netzausbau kompensiert werden kann. Verschärft wird die Situation dadurch, dass auch die europäischen Nachbarn Strom aus Deutschland importieren. Man kann sich das wie einen Fluss mit drei hintereinanderliegenden Seen vorstellen. Im obersten See (in Norddeutschland) gibt es ein Übermaß an Zuflüssen (Erzeugungskapazitäten). Das Wasser kann aber nicht unbegrenzt in den mittleren See (Süddeutschland) weitergeleitet werden, weil das Flussbett (Netz) dazwischen nicht dafür ausreicht. Der mittlere See muss zudem noch Wasser an den unteren

See (z. B. Österreich) abgeben, so dass in Extremsituationen der Wasserstand nicht mehr ausreicht.

Um die Netzstabilität zu gewährleisten, braucht es also in Bayern und Baden-Württemberg gesicherte Leistung, die abrufbar zu Verfügung steht – also im obigen Bild Zuflüsse zum mittleren See. Im Süden stehen neben Kernkraftwerken aber nur Gaskraftwerke, die nach dem Atomausstieg plötzlich »systemrelevant« wurden. Allein in der Regelzone von TenneT befinden sich 25 solcher systemrelevanter Gaskraftwerke.

Um die Versorgungssicherheit aufrechtzuerhalten, hat die Bundesregierung 2013 als Notmaßnahme die Reservekraftwerksverordnung erlassen, die bis 2017 gilt. Die Bundesnetzagentur beschafft auf der Grundlage zum einen die sog. Netzreserve. Das sind meist Kraftwerke in Österreich, der Schweiz oder Italien, die einspringen können, wenn im Winter zur Netzstützung Strom nach Süddeutschland eingespeist werden muss. 2014/2015 waren das rund 3 000 MW, so viel wie drei sehr große Kohlekraftwerke. Im Winter 2016/2017 könnte der Reservebedarf auf bis zu 7 700 MW ansteigen. Um den Jahrzehntewechsel soll die Netzreserve auf 1 600 MW zurückgehen, aber nur weil die Bundesnetzagentur von einer teilweisen Aufhebung der deutsch-österreichischen Preiszone ausgeht, also der untere See abgeklemmt wird. Ob das Europa-kompatibel ist, bleibt allerdings abzuwarten. Zum anderen dürfen Betreiber von Kraftwerken in Deutschland, die systemrelevant sind, ihre Anlagen nicht abschalten, sondern sie müssen sie den Netzbetreibern gegen eine bestimmte Vergütung zu Verfügung stellen. Streit über die Höhe der Entschädigungen ist dabei vorprogrammiert, zumal die bis 2015 geltende Reservekraftwerksverordnung nur auf alte abgeschriebene Kraftwerke ausgelegt waren. Gerade aber neue, hochmoderne und flexible Gaskraftwerke wie in Irsching kamen unter wirtschaftlichen Druck, so dass die Große Koalition Anfang Juli 2015 beschloss, die Verordnung so zu verändern, das auch neue systemrelevante Anlagen unter diesen Schirm schlüpfen können.

Während es in Deutschland derzeit also bei gleichzeitig existierenden regionalen Engpässen insgesamt Überkapazitäten gibt, wird sich die Situation voraussichtlich um das Jahr 2020 mit dem Abschalten der letzten großen Atomkraftwerke ändern. Dann könnte es mit dem jetzt stattfindenden Abbau der Überkapazitäten bereits insgesamt einen Mangel an steuerbaren Kraftwerken geben. Nur: Niemand investiert in dem beschriebenen Marktumfeld in solche Anlagen.

Das offensichtliche Problem ist das »missing money« – das fehlende Geld zur Deckung der Fixkosten. Wie beschrieben bekommen Kraftwerksbetreiber fast nur Geld für die erzeugte Energie, also für die Kilowattstunde. Deshalb hat sich der Begriff des »Energy only«-Marktes eingebürgert. Für die installierte Leistung und für die damit verbundenen fixen Kosten vor allem für die Investition erhalten die Betreiber zunächst nichts. Die Kosten müssen über den Verkauf der Energie erwirtschaftet werden, was beim derzeit niedrigen Börsenpreis aber nicht funktioniert.

Daher wurde nicht nur in Deutschland, sondern in vielen Ländern Europas, aber auch in Amerika oder Russland, die Idee eines Kapazitätsmarktes populär. Wenn der Wert eines konventionellen steuerbaren Kraftwerks oder eines Pumpspeichers nicht mehr darin liegt, Energie zu erzeugen, weil das Wind und Sonne in vielen Stunden übernehmen, sondern dann Leistung bereitzustellen, wenn der Wind nicht weht und die Sonne nicht scheint, dann soll das Kraftwerk auch dafür bezahlt werden.

Wissenschaftler und Branchenverbände entwickelten für Deutschland verschiedene Modelle von Kapazitätsmechanismen. Beim dezentralen Leistungsmarkt des BDEW und VKU würden die Vertriebe sich künftig nicht mehr nur mit Strom, sondern auch mit gesicherter Leistung eindecken müssen. Der Bedarf und der Preis für gesicherte Leistung würden also durch den Markt festgelegt. Zentrale Modelle setzen dagegen darauf, dass der Staat die notwendige Höhe der gesicherten

Leistung ermittelt und dann ausschreibt. Dabei gibt es dann unterschiedliche Vorstellungen, ob die Ausschreibungen für ganz Deutschland gelten sollen, ob sich Bestands- und Neuanlagen gleichberechtigt bewerben und ob nur bestimmte klimafreundliche Akteure, wie Gaskraftwerke und Speicher, bieten dürfen.

Die Bundesregierung hat diese Debatte um ein neues Strommarktdesign in einen formalen Prozess gekleidet. Im Frühjahr 2015 wurde ein sogenanntes Grünbuch als Diskussionsgrundlage veröffentlicht. Im Juli 2015 folgte das Weißbuch, in dem die Bundesregierung ihre Pläne konkretisiert. Daran soll sich dann ein Gesetzgebungsprozess anschließen.

Das Weißbuch sieht nun keinen Kapazitätsmarkt vor, sondern einen »Strommarkt 2.0«. Wie soll hier die Versorgungssicherheit gewährleistet werden? Die Marktkräfte sollen wieder mehr zur Geltung kommen, die Bilanzkreisverantwortlichen sollen noch verantwortlicher werden und die Politik soll sich weniger einmischen. Vor allem sollen extreme Preisspitzen zugelassen und ausgehalten werden. Denn, wenn in wenigen Stunden des Jahres vielleicht 200 ct/kWh an der Börse verdient werden könnten, könnten die Kraftwerke, die dann am Netz sind, ihre Vollkosten decken. Dazu soll insbesondere das »Mark up«-Verbot aufgehoben werden. Echte Knappheitspreise werden dadurch zurzeit in Deutschland verhindert. Große Erzeuger dürfen nämlich aktuell nur zu ihren Grenzkosten bieten und keinen Aufschlag verlangen. Des Weiteren können echte Spitzenpreise auch nur entstehen, wenn nicht ausreichend Leistung zur Verfügung steht und der Preis durch Nachfrageverzicht (Lastabwurf) gesetzt wird, es also nicht Blackouts, aber »Brownouts«, geplante Abschaltungen, gibt.

Sehr viele in der Energiewirtschaft halten den Plan allerdings für zwar wissenschaftlich korrekt, aber wenig praxistauglich. Werden Kraftwerksinvestoren wirklich darauf vertrauen, dass die Politik nicht eingreift, wenn in großen Zeitungen Schlagzeilen über Börsenstrompreise in astronomischer Höhe auftauchen oder sich Unternehmen beschweren, weil sie – geplant oder nicht – abgeschaltet würden. Auch wenn die politische Zurückhaltung gesetzlich vorgeschrieben wäre, die Zweifel bleiben, Gesetze sind schnell geändert. Dazu kommt, dass die Bundesregierung selbst nicht an die Heilungskräfte des mittlerweile extrem ausgehöhlten Marktes glaubt und eine »Kapazitätsreserve« einführen will, in der sich alte und eventuell auch neue Kraftwerke befinden sollen, die nicht am Markt agieren und nur für die Netzstabilität zur Verfügung stehen. Für Süddeutschland sollen ab 2021 noch einmal neue Erdgaskraftwerke mit einer Gesamtkapazität von 2 000 MW in einer besondere Reserve errichtet werden.

Wie es bei den Erneuerbaren eine Illusion sein dürfte, dass sie jemals ohne Förderung bzw. ohne Zahlungen für die von ihnen bereitgestellte Kapazität auskommen werden, wird es bei der gesicherten Leistung nicht ohne direkte Vergütung gehen. Daher werden die Themen Strommarktdesign und Kapazitätsmechanismen auf der politischen Tagesordnung bleiben.

Handeln für das Klima: Der CO_2-Emissionshandel

Ein weiteres marktwirtschaftliches Instrument des Energiemarktes ist der europäische Emissionshandel. Wie kann und warum will man mit CO_2 handeln? Stellen wir uns folgendes vor: Die Bewohner eines großen Hauses müssen Wasser sparen. Sie einigen sich darauf, dass jeder nur noch 100 Liter Wasser am Tag verbrauchen darf. Wer mehr benötigt, muss »Strafe« zahlen: Entweder er gibt Geld in die allgemeine Kaffeekasse oder er macht einen Deal mit einem der anderen Bewohner. Denn diese können, sofern sie selbst unter den 100 Litern bleiben, ihr überschüssiges Wasser meistbietend verkaufen. Das passt vielleicht nicht allen, doch man einigt sich, zum Wohle der Allgemeinheit und mit dem Ziel, die knappen Wasserressourcen zu schonen, das System einzuführen.

Einige Vorreiter – vielleicht die besonders Sparsamen – wollen im nächsten Jahr allerdings noch einen Schritt weitergehen. Statt 100 Litern soll jeder nur noch 90 Liter »frei« haben. Und auch für das dritte Jahr des Zusammenlebens gibt es erste Vorschläge: Wie wäre es, wenn niemand mehr Wasser umsonst zugeteilt bekommt, sondern alle schon für den ersten Liter ein Nutzungsrecht erwerben müssen? Schließlich kann man sich auch an Wassersparprojekten in Entwicklungsländern beteiligen und die dortige Wasserersparnis wird einem daheim »gutgeschrieben«.

So ähnlich läuft der europäische Emissionshandel (EU-ETS), der 2005 in Kraft trat und den Kohlendioxidausstoß von rund 11 000 Anlagen in 31 europäischen Ländern in der Stromerzeugung und in einigen Sektoren der Industrie umfasst. Er hat zum Ziel, die CO_2-Emissionen der EU zu senken, und dies auf möglichst effiziente und günstige Art. Die Idee dabei ist einfach: Bestimmten Emittenten von Kohlendioxid – vor allem Energieerzeuger und große Industriebetriebe – wird eine Obergrenze für ihren CO_2-Ausstoß zugewiesen. Hierfür erhalten sie eine bestimmte Anzahl von Zertifikaten. Fortan müssen sie für jede Tonne CO_2 ein Zertifikat vorlegen, das ihnen den Ausstoß erlaubt.

Zunächst wurden in der ersten Handelsperiode (2005–2007) die Zertifikate kostenlos zugeteilt, und zwar in etwa auf Höhe der tatsächlichen Emissionen. In dieser Phase änderte sich für die Emittenten wenig, denn sie konnten ohne zusätzliche Kosten auf gleichem Niveau weiter produzieren. Der Effekt: Betreiber haben in ihre Überlegungen, welches Kraftwerk wann wie viel laufen soll, den Aspekt »CO_2« mit einbezogen. Im nächsten Schritt (2008–2012) wurde die Zahl der frei vergebenen Zertifikate gesenkt. Zusätzlich benötigte Zertifikate mussten durch Versteigerungen hinzugekauft werden. Auf diesem Markt kann nun auch ein Erzeuger, der seine Emissionen so weit senkt, dass er unter den ihm zugeteilten Mengen bleibt, die übrigen Zertifikate anderen anbieten. Ähnlich wie im Beispiel der Wassersparer werden in der dritten Periode seit 2013 die Zügel nochmals gestrafft werden. Zum einen werden weitere Branchen wie z. B. der Luftverkehr und neben CO_2 auch andere Treibhausgase wie Methan oder Lachgas einbezogen. Zum anderen wird eine EU-weite Obergrenze für Emissionen festgelegt, die jährlich um knapp zwei Prozent sinkt. Bis 2020 soll so der Ausstoß von Klimagasen in der EU im Vergleich zum Basisjahr 1990 um 20 Prozent zurückgehen. Mit dem neuen System endet auch die Diskussion, ob Erzeugungsunternehmen die kostenfrei erteilten Zertifikate einpreisen dürfen – die Versteigerungserlöse erhält nämlich der Staat. Zudem wird der Anteil kostenfreier Zertifikate schrittweise sinken. Was bedeutet das? In erster Linie wirkt dies wie eine zusätzliche Steuer für alle Emittenten. Denn die Einnahmen fließen zum größten Teil an die Mitgliedsstaaten zurück. Für den Strompreis heißt das: Jede Kilowattstunde wird etwa um den Betrag teurer, den die Erzeuger für ihre CO_2-Emissionen zahlen müssen.

Im Prinzip ist der EU-ETS das effizienteste, zielgenaueste und wirksamste Instrument zum Klimaschutz in Europa. Würde er steuernde Wirkung entfalten, müssten die CO_2-Emittenten überlegen, welche Technologie den größten positiven Klimaschutzeffekt zu den geringsten Kosten aufweist, um ihre Reduktionsziele zu erfüllen. In der Realität waren die Preise in der dritten Handelsperiode mit zwischen vier und fünf Euro pro Tonne CO_2 aber viel zu niedrig, um relevanten Einfluss zu haben. Ein sogenannter »Fuel Switch«, nach dem ein Gaskraftwerk in der Merit Order günstiger anbieten könnte als ein Kohlekraftwerk, würde es aber erst bei Preisen um die 60 Euro pro Tonne CO_2 geben.

Der Niedrigpreis liegt vor allem an einer Überversorgung des Marktes mit Zertifikaten – bis 2020 sollen zwei Milliarden Stück zu viel im Umlauf sein. Warum das so ist, ist umstritten: Die einen argumentieren, dass der EU-ETS das einzige Instrument zu Klimaschutz in Europa sein sollte – in Wahrheit ist er es nämlich nicht: Auch die Förderung der Erneuerbaren zählt dazu. Der Ausbau Erneuerbarer führt aber dazu, dass die Stromerzeugung immer CO_2-ärmer wird, also immer weniger

> **Der nationale Klimabeitrag**
> Deutschland würde seine eigenen hoch gesteckten CO_2-Reduktionsziele bis 2020 deutlich verfehlen und eine Minderung nur um etwa 33 Prozent statt der angestrebten 40 Prozent erreichen, wenn nicht weitere Maßnahmen ergriffen werden. Ein nationaler Klimabeitrag sollte nach den ursprünglichen Plänen von Sigmar Gabriel dazu führen, dass im Kraftwerksbereich zusätzliche 16 bis 22 Millionen Tonnen CO_2 eingespart werden. Jedes Kraftwerk über 20 Jahren Betriebsdauer sollte einen sich allmählich absinkenden Freibetrag für den CO_2-Ausstoß bekommen. Für darüber hinausgehende Emissionen sollte ein bestimmter Betrag bezahlt werden, der vom Börsenstrom- und dem ETS-Zertifikate-Preis abhängt. So soll die Produktion von alten Braunkohlekraftwerken verteuert werden und es sollen mehr Steinkohle und Gaskraftwerke eingesetzt werden, die weniger Klimagase ausstoßen.
> Nach massiven Protesten, insbesondere der Gewerkschaft IGBCE, nahm Gabriel seine Pläne zurück. Jetzt nehmen die Braunkohlekraftwerksbetreiber Anlagen mit einer Leistung von 2 700 MW bis 2020 vom Markt. Sie werden in die Kapazitätsreserve überführt, so dass die Eigentümer eine Kompensation erhalten und die Anlagen für die Versorgungssicherheit zur Verfügung stehen.

Zertifikate gebraucht werden. Werden diese aber nicht aus dem Markt genommen, verfällt der Preis – wie auf jedem Markt, auf dem es zu viel Angebot und zu wenig Nachfrage gibt. Der Effekt wird noch verschärft durch die Rezession in Europa, wegen der sowieso weniger Energie verbraucht und damit weniger Kohlendioxid ausgestoßen wird. Die anderen sagen, die beiden Variablen »Erneuerbare« und »Rezession« tragen nicht viel zur Erklärung des Überangebots bei. Der wahre Grund für den Preisverfall sei unklar. Jedoch kann man sich ja am Wassersparer-Beispiel vorstellen, wie die Mechanismen sind. Wenn in dem Mehrparteienhaus einige ausziehen und daher kein Wasser mehr verbrauchen (Rezession), können die anderen weiter in Saus und Braus leben. Wenn dann zusätzlich noch vom Staat kostenlos wassersparende Toilettenspülungen eingebaut werden (Erneuerbare), müssen die anderen Sparanstrengungen nicht mehr so hart ausfallen.

Wie auch immer: Die EU ergriff 2013 Rettungsmaßnahmen für den EU-ETS. Durch das sog. »Backloading« werden

900 Millionen Zertifikate in den Jahren 2013 bis 2015 aus dem Markt genommen und sollten nach den ursprünglichen Plänen ab 2019 wieder zugeführt werden. Daraufhin stieg der Preis leicht auf um die sechs bis sieben Euro pro Tonne Kohlendioxid an, liegt aber immer noch unterhalb der politischen Erwartungen. Deshalb will die EU nun noch einen Schritt weitergehen und verhandelt gerade die »Marktstabilitätsreserve«. Die 900 Millionen Zertifikate aus dem Backloading sollen dauerhaft aus dem Markt genommen und in eine Reserve überführt werden. Sie gelangen nur dann auf den Markt, wenn der CO_2-Preis über den politischen Zielvorgaben liegt. Darüber hinaus sollen die Zertifikate aus einer Handelsperiode nicht mehr automatisch in die nächste übertragen werden. Statt wie bisher geplant 2021 soll die Reform bereits 2019 in Kraft treten. Bestimmte Industriebranchen sollen dabei jedoch auch weiterhin kostenlose Zertifikate erhalten, um möglichem Kostendruck und Abwanderungseffekten vorzubeugen.

Da es für das Klima egal ist, wo Kohlendioxid ausgestoßen oder eingespart wird, ist eine globale Betrachtung unerlässlich. Wenn der Emissionshandel auf die EU beschränkt bleibt, besteht das Risiko, dass jede Tonne Kohle, jeder Kubikmeter Gas und jeder Liter Öl, der nicht mehr in der EU eingesetzt wird, irgendwo anders auf der Welt verbrannt wird – und dort für CO_2-Emissionen sorgt. Um es mit dem ehemaligen schwedischen Regierungschef Fredrik Reinfeldt zu sagen: »Wir brauchen eine globale Antwort auf dieses globale Problem«. Bisher sind die globalen Klimakonferenzen allerdings immer mit wenig Ertrag zu Ende gegangen.

Vom »Versorgungsfall« zum »Kunden«: Der Endkundenmarkt

Mit der Liberalisierung entwickelte sich auch Wettbewerb auf dem Endkundenmarkt. Die Stromkunden sind zwar meist an ein Verteilnetz angebunden, aber der Verteilnetzbetreiber kann nur seine Leistung – die Zurverfügungstellung des Netzes – in Rechnung stellen. Für die Belieferung mit Strom kann der Kunde heute zwischen vielen verschiedenen Anbietern

> **Welche Farbe hat der Strom?**
> Gelb? Die Antwort wäre ein Erfolg der Marketing-Abteilung eines bestimmten Unternehmens. An der Börse wird »Graustrom« gehandelt, d. h. »Strom unbekannter Herkunft«. Es kann Strom aus fossilen Kraftwerken, Kernkraftwerken oder Erneuerbaren sein und der Mix entspricht dem Energieträgermix für Deutschland.
>
> Viele Stromvertriebe bieten »Grünstrom« oder »Ökostrom« an. Sie müssen ihren Strom »einfärben«, sprich nachweisen, dass ihr Strom aus nicht-öffentlich geförderten Erneuerbaren stammt. Denn dürften EEG-subventionierte Anlagen auch noch die grüne Eigenschaft ihres Stroms vermarkten, würden sie einerseits doppelt gefördert. Andererseits würden diejenigen, die sich kein Ökostromprodukt leisten (können), zwar deren Vergütung über die EEG-Umlage mitfinanzieren, aber den Strom nicht mehr beziehen können.
>
> Da es in Deutschland nur wenige nicht-geförderte Erneuerbaren-Anlagen gibt, kaufen viele Ökostromanbieter grüne Herkunftsnachweise aus dem europäischen Ausland – gerne von norwegischen Wasserkraftanlagen.
>
> Auf Druck ihrer Kunden wollen nun viele Stromvertriebe die Politik dazu bewegen, ein Modell einzuführen, das – wie das frühere Grünstromprivileg – die Vermarktung von Ökostrom aus deutschen Anlagen auch in der Praxis ermöglicht.

wählen. Im Schnitt hatte jeder Stromkunde 2013 knapp 100 Lieferanten zur Auswahl, bei den Haushaltskunden waren es immerhin 80.

Lange Zeit galt der Wettbewerb auf dem Endkundenmarkt als theoretische Angelegenheit. Zu viele Kunden blieben in der sogenannten Grundversorgung. Der Grundversorger ist das Energieversorgungsunternehmen in einem Netzgebiet, das die meisten Haushaltskunden aufweist. Er hat die Pflicht zur Versorgung – außer, wenn das aus wirtschaftlichen Gründen nicht zumutbar ist, z. B. weil der Kunde keine Zahlungen leistet. Aber sind Wechselquoten zu »Wettbewerbstarifen« des Grundversorger-EVUs oder gar zu einem ganz anderen Stromvertrieb wirklich Ausweis funktionierenden Wettbewerbs? Keiner würde z. B. bezweifeln, dass es auf dem Zeitungsmarkt einen intensiven Wettbewerb gibt, obwohl es kaum Wechsel der Abonnements von einer Zeitung zur anderen gibt. Andererseits bezweifeln viele den Wettbewerb auf dem Tankstellenmarkt, obwohl Autofahrer sehr häufig bei unterschiedlichen Marken tanken.

Da es aber kaum einen besseren Näherungswert für den Wettbewerb gibt, bleibt auch für das Bundeskartellamt die Lieferantenwechselquote die entscheidende Größe. Dabei zeigt sich eine deutliche Zunahme der Veränderungsbereitschaft. 2013 wechselten 12 Prozent der Industrie- und Gewerbekunden ihren Anbieter. Bei den Haushaltskunden ist die Zahl der Wechsler seit 2006 deutlich gestiegen: 2013 waren es 3,6 Millionen Haushalte, 2012 nur 3,2 Millionen. Dadurch waren 2013 nur mehr 34 Prozent der Haushalte in der Grundversorgung, 45 Prozent hatten einen Sondervertrag mit dem lokalen Grundversorger und 21 Prozent ließen sich durch ein ganz anderes EVU beliefern. Einfache Vergleichsportale im Internet erlauben auch für Haushalte problemlos und ohne großen Aufwand den Wechsel.

Mit dem Wettbewerb stiegen aber auch die Risiken für den Verbraucher. Geschäftsmodelle etwa, die eine Vorauskasse vorsehen, bergen für die Kunden zwar die Chance auf niedrige Tarife, aber enthalten auch das nicht geringe Risiko des Verlusts der Zahlungen bei einer Insolvenz des Anbieters. Besonders aufsehenerregend war dabei die Pleite eines Billigstromanbieters im Jahr 2011. Das Unternehmen hinterließ 500 Millionen Euro Schulden und 750 000 Gläubiger, darunter vor allem Kunden, die ihren Strom per Vorkasse bezahlten.

Der Wettbewerb wirkt also – das sieht man nicht nur an den Werbebudgets der Stromvertriebe. Vielmehr reicht es mittlerweile nicht mehr, nur Strom oder Erdgas anzubieten. Wer heute bei Energiekunden erfolgreich sein will, muss sich zum Energiedienstleister weiterentwickeln und neue Angebote machen. Viele EVUs und Stadtwerke bieten daher Produkte »rund um die Energie« an, wie z.B. Solaranlagen mit oder ohne Speicher, dezentrale KWK-Anlagen aller Größenordnungen oder Modelle zum Energiesparen und für mehr Energieeffizienz, einschließlich Finanzierung.

Die nächste Stufe wird die Digitalisierung sein. Die Energieverbrauchsdaten können genutzt werden, um Produkte zu entwickeln, die die Kunden durch mehr Transparenz und Anreize dazu verhelfen Energie zu sparen. Individualisierte Angebote werden so sowohl im Strom- als vor allem auch im Wärmebereich möglich. Auch die dezentrale Energieversorgung kann durch »Big Data«, also das Sammeln und Nutzen von großen Datenmengen, einen neuen Schub bekommen. Viele kleine Erzeugungseinheiten und Verbraucher können z. B. zu einem »virtuellen Kraftwerk« vernetzt werden. Zusammengeschaltet können sie dann einen Beitrag leisten, die volatile Erzeugung durch Wind und Sonne auszusteuern, etwa weil sie Regelenergie bereitstellen können. Wie alles hat aber auch die neue Energiedatenwelt zwei Seiten. Für die Energieversorger tun sich hier einerseits neue Chancen für Kundenbindung und neue Absatzmärkte auf. Andererseits treten neue Konkurrenten auf den Plan – plötzlich wird der Energiebereich auch für Telekommunikationsunternehmen oder die Internetwirtschaft à la Google interessant. Die Politik steht dabei vor der Herausforderung, einerseits die Innovationen in diesem Bereich zu ermöglichen und zu fördern, denn Energieeffizienz, Energiesparen und Dezentralisierung sind Kernbestandteile der Energiewende. Andererseits stellen sich neue Fragen für den Datenschutz. Die Kunden können sich auf neue Produkte freuen und ein echter Teil der Energiewende werden – die Kehrseite der Medaille dürfte – wie in vielen anderen Bereichen auch – Preisgabe eines gewissen Umfangs der Daten sein.

Strompreis – Brotpreis des 21. Jahrhunderts?

Die Preisbildung und Marktmechanismen werden für die Kunden bei Geschäften des täglichen Lebens meist nicht sichtbar, da der Kunde im Supermarkt immer einen festen, ausgezeichneten Preis vorfindet und auf dieser Grundlage auch abgerechnet wird. In der Regel werden Produkte auf Qualität und Preis verglichen, Findige fragen nach Skonto, bei größeren Anschaffungen wie einem Auto wird verhandelt. Die dahinter liegenden Mechanismen werden erst bei näherer Betrachtung deutlich, wenn z. B. öffentlich diskutiert wird, wie viel Geld der Bauer von der Molkerei für einen Liter Milch erhält, warum eine Überführungsgebühr für Neuwagen anfällt, wie viele Luxusautos bei einem Autohändler auf Halde stehen oder ob der Strompreis angemessen ist.

Die Preise für die lebenswichtigen Dinge und Dienstleistungen, auf die alle Menschen angewiesen sind, stehen unter besonderer Beobachtung: Strom, Wasser, Brot, Heizung, Miete, Benzin- und Fahrkartenpreise bestimmen die öffentliche Diskussion. Daher waren und sind die Preise in diesen Bereichen teilweise noch staatlich festgelegt, subventioniert oder kontrolliert. Bereits im frühen Mittelalter musste der Brotpreis in Paris bei der örtlichen Polizei registriert werden – als er am 14. Juli 1789 auf ein Allzeithoch kletterte, erstürmten Handwerker die Bastille und starteten damit die Französische Revolution.

Sind Energiekosten der Brotpreis des 21. Jahrhunderts? Viele Politiker und Wissenschaftlicher beantworten diese Frage klar mit »ja«, weil ohne Energie in modernen Gesellschaften nichts mehr geht. Ohne Strom oder Öl ist die Ernährung der heutigen Bevölkerung nicht gesichert, Energie liefert einen Teil des Kitts, der moderne Gesellschaften zusammenhält. Die Ursache von Krisen hat sich seit Zeiten der französischen Brotknappheit nicht maßgeblich geändert: Wenn Energie oder Brot teuer sind, bleibt wenig Geld für anderes, was wiederum Kaufzurückhaltung nach sich zieht, die vereinfacht zu weniger Produktion, einem Beschäftigungsmangel in Folge und einer Wirtschaftskrise führen kann.

Kann auch billiges Öl zu Revolutionen führen? In der Tat kann auch zu günstige Energie zu erheblichen Problemen führen, nämlich insbesondere in den Produzentenländern, die auf die Deviseneinnahmen angewiesen sind, um den Haushalt zu stabilisieren oder lebensnotwendige Waren oder Dienstleistungen im eigenen Land zu subventionieren. Der Ölpreisverfall im Jahr 2014 macht deutlich, dass Produzentenländer wie z. B. Russland, Iran oder Venezuela auf einen gewissen Rohölpreis angewiesen sind, um ihren Haushalt (weiter) stabil halten zu können.

Beim Strompreis scheint die Entwicklung in Deutschland seit Jahren nur eine Richtung zu kennen: Nach oben. Aber an was liegt das? Hat die Liberalisierung ihre Ziele nicht erreicht? Waren die Monopolzeiten doch günstiger? Zocken die Konzerne ihre Kunden ab? Sollte die Regulierung nicht für möglichst geringe Netzkosten sorgen?

Tatsache ist: Seit 1998 ist der Strompreis um 70 Prozent gestiegen. Aber für die Erzeugung bzw. Beschaffung, das Netz und den Vertrieb zahlen wir heute nur sieben Prozent mehr als vor fast 20 Jahren. Berücksichtigt man die allgemeine Kostensteigerung wird deutlich, dass in diesen Bereichen Wettbewerb und Regulierung sehr wohl große Effizienzpotentiale gehoben haben. Für Erzeugung, Vertrieb und Netz bezahlte man 1998 13,04 ct/kWh, 2015 13,88 ct/kWh. Gestiegen sind die staatlichen Lasten – um sagenhafte 272 Prozent, in Worten: zweihundertzweiundsiebzig! Sie machen 52 % oder fast 15 ct/kWh aus. Neben der Stromsteuer mit rund 2 ct/kWh sind Hauptpreistreiber dabei die EEG-Umlage mit über 6 ct/kWh und die Mehrwertsteuer mit über 4,5 ct/kWh. Mit ihr verdient übrigens auch der Staat an jeder Strompreiserhöhung mit. Daneben gibt es noch viele »kleinere« Umlagen, die bestimmten

Abbildung Bestandteile des Haushaltsstrompreises 2015

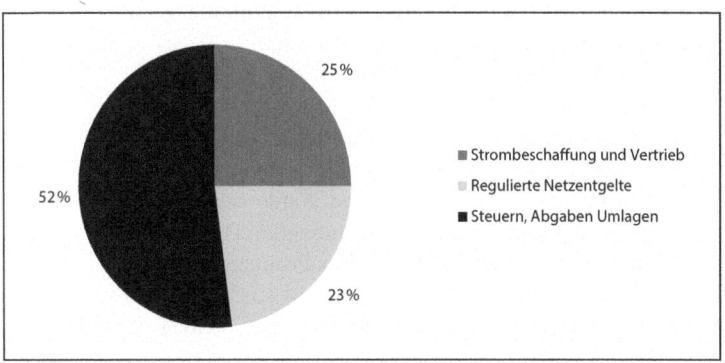

Quelle: BDEW, Daten beziehen sich auf Durchschnittsverbrauch von 3 500 kWh; eigene Darstellung.

politischen Zielsetzungen dienen, wie z. B. die KWK-Umlage, die Offshore-Haftungsumlage, die Abschalt-Umlage oder die Konzessionsabgabe.

Die politischen Wünsche in der Energieversorgung müssen vor allem die »normalen« Haushaltskunden und der Mittelstand finanzieren. Für größere Kunden gibt es allerlei Ermäßigungen und Privilegierungen. Entscheidend dabei ist auch die EEG-Umlagepflicht: Besteht die bei einem Gewerbekunden muss er im Vergleich zu 1998 auch etwa 50 Prozent mehr bezahlen. Dann liegt auch der Strompreis für diese Kundengruppe im europäischen Vergleich weit oben. Teurer sind meist nur Inseln wie Malta und Zypern, die nicht vom gesamteuropäischen Netz profitieren. Ohne Umlagen, Abgaben und Steuern hingegen sind die Strompreise für Industrie und Gewerbe in Deutschland relativ günstig. Damit besteht eine wichtige Voraussetzung dafür, dass Deutschland auch in der Energiewende Industriestandort bleiben kann – der Preis dafür ist, dass alle anderen mehr bezahlen müssen.

Zusammenfassung

- Seit der Liberalisierung 1998 gelten im Stromsektor grundsätzlich Marktprinzipien, außer im Netzbereich, der ein »natürliches Monopol« darstellt und daher staatlicher Regulierung unterworfen ist.
- Die wichtigsten Märkte im Bereich der Stromwirtschaft sind die globalen Märkte für die Brennstoffbeschaffung (insb. Kohle und Gas), der (europäische) Erzeugungsmarkt, der EU-ETS sowie der Endkundenmarkt.
- Auf dem Erzeugungsmarkt stehen die nicht-geförderten konventionellen Kraftwerke in einem freien Wettbewerb zueinander. Ihr Einsatz richtet sich nach dem Merit-Order-Prinzip.
- Die Politik in Deutschland hat insbesondere durch die Förderung der Erneuerbaren massiv in das Marktgeschehen eingegriffen. Die heute mengenmäßig wichtigste Erzeugungsart ist damit den Marktgesetzen weitgehend enthoben und insbesondere den Marktpreissignalen nur sehr gedämpft ausgesetzt.
- Dies führt zu erheblichen Verwerfungen auf dem übrig gebliebenen Erzeugungsmarkt, insb. verschärft es das »Missing Money«-Problem aufgrund der sehr niedrigen Börsenpreise, die vielfältige Gründe haben.
- Die Bundesregierung reagiert darauf allerdings nicht mit der Einführung eines vielfach geforderten Kapazitätsmarktes, sondern mit einer Reform des »Energy only«-Marktes zu einem »Strommarkt 2.0«, mit der Einführung einer Kapazitätsreserve und mit der Schaffung von neuen Gaskraftwerken in Süddeutschland.
- Es dürfte damit durchaus fraglich bleiben, ob die – nach dem Abbau der derzeitigen Überkapazitäten – notwendigen Kraftwerks- oder Speicherinvestitionen auf dieser Basis erfolgen. Zum heutigen Zeitpunkt ist eher zu erwar-

ten, dass die Themen Strommarktdesign und Marktintegration der Erneuerbaren auf der Tagesordnung bleiben.

- Das eigentlich effizienteste und beste Instrument zum Klimaschutz – der europäische Emissionshandel – liegt seit einigen Jahren am Boden, so dass keine steuernde Wirkung von ihm mehr ausgeht. Als Ursachen der Überausstattung mit Zertifikaten werden die Rezession in den EU-Ländern und die starke Förderung der Erneuerbaren über andere Mechanismen diskutiert. Ob die Reformen durch die EU sowie die Formulierung ehrgeiziger 2030-Ziele für eine substantielle Wiederbelebung ausreicht, bleibt abzuwarten.
- Der Endkundenmarkt ist grundsätzlich ein gelungenes Beispiel für eine Liberalisierung. Heute steht den Stromkunden ein großes Angebot an Versorgern zu Auswahl und auch die tatsächlichen Wechselquoten haben sich deutlich erhöht.
- Für die Energieversorger ergibt sich daraus die Notwendigkeit zu einem tiefgreifenden Wandel hin zu Energiedienstleistern, die nicht mehr nur Strom und Gas verkaufen, sondern neue Produkte entwickeln.
- Neue Produkte entstehen vor allem im Bereich Eigenerzeugung (z. B. PV- oder kleine KWK-Anlagen) und der Energieeffizienz. »Big data« wird dabei eine immer wichtigere Rolle spielen.
- Für die Endkundenpreise sind zwei Entwicklungen zu unterscheiden: Einerseits hat die Liberalisierung erhebliche Effizienzpotentiale im Bereich der Erzeugung und des Vertriebs gehoben. Die auf den Markt bezogenen Preisbestandteile von Strom sind daher in den letzten fast 20 Jahren kaum gestiegen. Dass für den Haushaltskunden der Strompreis heute dennoch rund 70 Prozent teurer ist als 1998, liegt an den staatlich verursachten Lasten: EEG-Umlage, Stromsteuer, Mehrwertsteuer und vieles mehr ließen diese Kosten für den Verbraucher um über 200 Prozent steigen.

4.6 Zehn Minuten Zukunft der Technik und Energieeffizienz

Vision oder Illusion?
Die vorherigen Kapitel haben klar gezeigt: Energieerzeugung und Energieversorgung ist ohne Technik nicht möglich. Vom einfachen Lagerfeuer, für das man Feuerstein und entsprechendes »Brennstoffwerkzeug«, wie z. B. eine Axt benötigt, über die Erfindung der Dampfmaschine und des Generators zur Stromerzeugung bis hin zu einem »computergesteuerten« Smart Meter, durchdringt Technik unsere Energieversorgung. Die verschiedenen Industrieepochen, die auf Kohle, Öl, Gas, Atom oder erneuerbare Energien aufsetzen, waren auch immer Technikepochen. So stellt sich die Frage, welcher Trend als nächster kommt und welche Technologie sich durchsetzen wird.

Zur neuen Energietechnik gehören auch Technologien, mit denen sichergestellt wird, dass weniger Energie verbraucht wird. Denn nach Expertenmeinung ist die umweltfreundlichste und günstigste Kilowattstunde diejenige, welche gar nicht erst verbraucht wird. So wird fleißig an Möglichkeiten geforscht, die Energieeffizienz zu steigern, sei es im Gebäude-, Kraftwerks- oder Energieübertragungsbereich. Ausgangspunkt für viele Überlegungen ist der Bereich Forschung und Entwicklung, in dessen wissenschaftlichem Rahmen immer ein großes Stück Zukunft entsteht. Aufgrund der Bedeutung der Energie für unser Leben erfährt die Energieforschung eine hohe Aufmerksamkeit durch die Politik, was sich in zahlreichen Förderprogrammen widerspiegelt. Allein in 2014 hat die Bundesregierung knapp 820 Mio. Euro in die Energieforschung gesteckt. Bringt das alles was?

Sicher ist: Ein wesentlicher Baustein zum Gelingen der Energiewende ist neben der Steigerung der Energieeffizienz die Verwendung neuer Technologien. Oftmals werden neue Technologien als alternativlose Lösung für die Energiewende bezeichnet. Wie immer gibt es jedoch Vor- und Nachteile, die kritisch und konstruktiv bei der Einführung – und einer eventuellen Förderung – betrachtet werden müssen. Die Erneuerbaren haben ihr Plus beim Klima- und Umweltschutz, erweisen sich aber bei den Themen Versorgungssicherheit und Wirtschaftlichkeit als nachteilig. Kohle ist relativ preisgünstig und sehr zuverlässig zu haben, führt aber zu einem hohen CO_2-Ausstoß. Kernenergie wirkt zwar preisdämpfend, gewährleistet die Versorgungssicherheit und ist auch klimafreundlich – doch führt sie aufgrund der Gefahren zu einer scharfen gesellschaftspolitischen Polarisierung. Gas zur Stromerzeugung ist zwar relativ klimafreundlich, aber teuer und führt in die Abhängigkeit weniger, z. T. instabiler Exportländer.

In den bisherigen Kapiteln wurde gezeigt, wie man mit Weiterentwicklungen der Techniken diese Zieldivergenzen zu einem Teil auflösen kann: CCS, Steigerung von Kraftwerkseffizienz, zahlreiche Fortschritte bei den Erneuerbaren. Wie können wir aber mithilfe ganz neuer Techniken klimafreundlich, wirtschaftlich und zuverlässig Energie erzeugen? Was sind neben den schon genannten Zukunftstechnologien neue Ansätze im Bereich der Energie? Das nachfolgende Kapitel gibt holzschnittartig eine Übersicht, wie zukünftige Energietechniken aussehen können, welchen Beitrag sie leisten und was bei der Energieeffizienz noch möglich ist.

Energie(wende)effizienz?

Energieeffizienz ist keine neue Erfindung der europäischen Kommission oder der Bundesregierung, sondern sie ist – meist abhängig von der Höhe der Energiepreise – seit Jahrzehnten für Wirtschaft und Privatkunden eines der bestimmenden Themen.

Wo kann jeder persönlich am meisten sparen? Mit über 40 Prozent macht das Tanken den Löwenanteil an den Energiekosten für einen durchschnittlichen Haushalt in Deutschland aus. Heizung und Warmwasser schlagen mit knapp 40 % zu Buche. Für Strom muss der Durchschnittsbürger von den gut 2 600 Euro Gesamtenergiekosten pro Jahr knapp 400 Euro reservieren.

Im privaten Bereich sind spritsparende Autos, neue Heizungsanlagen, zeitgemäße Isolierungen oder Energiesparhäuser zum Sparen von Energiekosten und zur Senkung des Energieverbrauchs wichtige Ansätze, wenn sie auch jeweils anfangs mit hohen Investitionskosten verbunden sind. Auch beim Strom rentiert sich der Griff zu effizienten Geräten, nicht nur bei den Energiesparlampen: Wichtige Orientierungsgröße sind die Energielabels, welche die Haushaltsgeräte in verschiedene Energieeffizienzklassen einteilen (Klasse »A« bis »G«). Für besonders Strom sparende Kühl- und Gefriergeräte wurden die Klassen »A+« und »A++« eingeführt. Um die Energieeffizienz im Haushaltsbereich weiter zu fördern, setzt sich die Bundesregierung für den so genannten »Top Runner«-Ansatz ein, der EU-weit gelten soll. Die Idee dahinter: Das momentan effizienteste Gerät auf dem Markt wird zum Standard erhoben, den die anderen Hersteller binnen einer gewissen Frist erreichen müssen. Ziel ist eine sich immer weiter nach oben drehende Effizienzspirale – mit ständig verbesserter Energiebilanz der Produkte. Japan gilt hier als Vorreiter mit positiven Erfahrungen.

Auch im Kraftwerksbereich und im Übertragungsbereich spielt die Frage der Effizienz – wie dargestellt – eine entscheidende Rolle: Mit immer weniger Ressourcen soll immer mehr Strom produziert und verteilt werden. Das politische Ziel der Bundesregierung ist es, den Primärenergieverbrauch durch eine gesteigerte Energieeffizienz zu halbieren und den Anteil erneuerbarer Energien am Bruttoendenergieverbrauch auf 60 % zu steigern. Im Bundes-

> »Energieeffizienz soll die wichtigste Säule der Energiewende werden.«
> Bundeswirtschaftsminister Gabriel auf dem 5. Energieeffizienzkongress der Deutschen Energie-Agentur

bericht Energieforschung 2015 heißt es dazu, dass dies den »Aufbau eines neuartigen, hochkomplexen und intelligenten Versorgungssystems erfordert, welches eine umweltschonende, zuverlässige und bezahlbare Energieversorgung sicherstellt.« Wird hiermit wieder einmal die Quadratur des Kreises gefordert und wie weit ist man auf diesem Weg bereits vorangekommen?

Schaut man sich die bisherigen Ziele und die Entwicklung der letzten zehn Jahre an, so wurden die geplanten Energieeffizienzsteigerungsraten trotz aller wohlmeinenden Worte nur schwerlich bzw. gar nicht erreicht. So ist der oftmals zitierte Rückgang des Primärenergiebedarfs Ende 2008 weniger mit einer nachhaltigen Steigerung Energieeffizienz als vielmehr mit den Auswirkungen der Weltwirtschaftskrise verbunden.

Die Europäische Kommission hat im Dezember 2012 mit der Energieeffizienzrichtlinie einen neuen Anlauf unternommen, nach der die einzelnen Mitgliedsstaaten vor allem ihre Energieeffizienzziele für 2020 konkret festlegen und sich für den Zeitraum von 2014 bis 2020 auf Energieeinsparungen von jährlich 1,5 % verpflichten sollen. Die Energieeffizienzrichtlinie wurde von der Bundesregierung bis Mai 2015 aber erst in einigen Teilen umgesetzt.

Es ist unstrittig, dass sehr große Potentiale für Effizienzsteigerungen im Gebäudebereich liegen und aufgrund der hohen Anfangsinvestitionen nicht von Investoren umgesetzt werden oder umgesetzt werden können. Bei verpflichtenden, gesetzlichen Vorgaben könnten erhebliche Kostensteigerungen bei Eigentümern, Mietern und der Industrie ausgelöst werden. Vor diesem Hintergrund wird der Themenkomplex »Energieeffizienzverpflichtung«, der viele Wähler unmittelbar betrifft und sofort spürbar ist, von der Bundesregierung sehr sensibel behandelt. Ende Dezember 2014 wurde von der Bundesregierung der »Nationale Aktionsplan Energieeffizienz« veröffentlicht, mit dem u. a. Energieeffizienz als Rendite- und

Geschäftsmodell etabliert und die Eigenverantwortlichkeit erhöhen werden soll. Ein Placebo?

Als Bremsklötze auf dem Weg in eine energieeffizientere Zukunft werden neben der Politik häufig auch die Energieversorgungsunternehmen ausgemacht. Es scheint auf der Hand zu liegen, dass sie aufgrund ihres Geschäftsmodells nicht daran interessiert sein können, weniger Strom, Gas oder Wärme zu verkaufen. Allerdings geht der politische und gesellschaftliche Trend klar in die Richtung. Dies hat wiederum zur Folge, dass sich das Geschäftsmodell der Energieunternehmen stark verändert hat: Neben dezentralen Anlage spielt die Energieberatung mittlerweile eine zentrale Rolle, um die Kunden in Unternehmen und privaten Haushalten zu informieren, wie sie künftig weniger Strom, Gas oder Heizöl verbrauchen können – dies ist natürlich nicht ganz uneigennützig, weil hierdurch Kundenbindungen neu aufgebaut oder verstärkt werden. Das Energiesparen wird mit Fördermitteln von Bund, Ländern und Kommunen unterstützt, damit die oft beträchtlichen Investitionen gestemmt werden können. Darüber hinaus ist auch das »Contracting« für die Steigerung der Energieeffizienz ein wichtiges Modell: Ein Dienstleister, der so genannte »Contractor«, übernimmt dabei das gesamte Energiemanagement, z. B. eines großen Industriebetriebs. Er trägt die Kosten der energetischen Modernisierung und bekommt dafür einen Teil der später eingesparten Kosten. Dieses Modell hat Vorteile für alle Seiten: Der Kunde sichert sich stabile oder sinkende Energiekosten, der Contractor bekommt den Effizienzgewinn und die Allgemeinheit profitiert vom geringeren Energieverbrauch.

Windenergie: Geht da noch was?
On-, off- und nearshore

Die Windenergie spielt in den Überlegungen der Bundesregierung und den Planern einer erneuerbaren Revolution immer eine bedeutende Rolle, sowohl auf dem Land (»onshore«) als auch auf dem Meer (»offshore«) – küstennahe Anlagen im Wasser werden als »nearshore« bezeichnet.

Die klassische Windstromerzeugung mittels Rotoren oder »Windräder« hat in den letzten Jahren einen starken technischen Schub erlebt, indem Anlagen immer effizienter und damit aber auch deutlich größer wurden und auf das Meer »ausgewichen« wurde, wo der Wind stärker und vor allem konstanter weht.

Während auf dem Land die Technik weitgehend ausgereift ist, begegnet der Aufbau eines offshore Windparks vielen Herausforderungen und Erfahrungen müssen erst – teilweise über viele Jahre – gesammelt werden. Probleme bereiten in technischer Sicht insbesondere die Standfestigkeit der Anlagenfundamente, der Bau des Turms und die Salzwasserbeständigkeit der technischen Komponenten. Hinzu kommen im Bereich der windreichen Nord- und Ostsee das unstete Wetter, Gezeiten, Wellenschlag sowie die auf dem Meeresgrund herumliegenden Hinterlassenschaften des ersten und zweiten Weltkriegs in Form von Bomben und anderen Explosivstoffen. Auch verfahrens- und genehmigungsrechtliche Komponenten müssen berücksichtigt werden, wie z.B. Grenzverläufe, Kabelführung, Umweltrecht (Wattenmeer, Vogelzug), Schallschutz bei Bau und Betrieb oder Bedürfnisse des Militärs und der Flugverkehrskontrolle. Schließlich ist der Bau eines Offshore-Windparks immer mit dem Legen der erforderlichen Leitungsverbindung zeitlich abzustimmen, welche vom zuständigen Übertragungsnetzbetreiber vorgenommen wird. Durch diese Herausforderungen und die noch sehr steile Lernkurve, welche bisher nicht abgeschlossen ist, hinkte der geplante Ausbau der Windkraft auf See den Planungen der Bundesregierung lange Zeit deutlich hinterher.

Drachen am Himmel
Höhenflüge durch Höhenwindtechnologie? Bereits bei den Windrädern hat man gemerkt: Die Nabenhöhe zählt, denn je höher man hinausgeht, desto mehr bläst der Wind – jeder, der einmal auf einen Berg (oder fürs erste auf einen Hügel) gestiegen ist, wird dies nachvollziehen können. Und der Wind steigt mit zunehmender Höhe weiter stark an, was sich an der unterschiedlichen Dauer eines transatlantischen Fluges ablesen in Ost und Westrichtung ablesen lässt: Der Jetstream bläst hier durchschnittlich mit Windgeschwindigkeiten zwischen 50–100 km/h.

Völlig neue Konzepte weichen daher in luftige Höhen aus, etwa 300–500 Meter über dem Boden. Vom Boden aus wer-

Abbildung Automatisierter Betrieb

Quelle: Enerkite

den so genannte »gefesselte Drachen« oder »Kites« gestartet und durch Flugmanöver, z. B. den »Achtenflug«, Energie durch die entstehende Drehbewegung erzeugt und mechanisch über Seile zur Bodenstation geleitet – dort steht der Generator und wandelt die ankommende mechanische Energie in Strom um.

Ebenfalls werden Drachen eingesetzt, um Schienenfahrzeuge, die auf einem Rundkurs laufen, zu bewegen und die dadurch entstehende Bewegungsenergie einzufangen.

Wieder andere Höhenwindkraftwerke arbeiten in der Simulation mit stationären Drachen, an denen sich Windturbinen befinden, die den bereits in der Luft erzeugen und diesen dann über Kabel zur Bodenstation des Drachens weiterleiten. Die genannten »Flugwindkraftwerke« befinden sich noch stark in der Erprobungsphase, auch vor dem Hintergrund noch zu klärender Fragen, wie z. B. Sicherheitsthemen für den Flugverkehr, Vermeidung von Abstürzen der Anlagen etc. Das weltweit angenommene Potential der Höhenwinde reicht nach Expertenberechnungen aus, um den weltweiten Primärenergiebedarf mehrfach zu decken.

Bioenergie

Angesichts der begrenzten Verfügbarkeit fossiler Energieträger, der mit ihrer Verbrennung verbundenen CO_2-Emissionen sowie politischer Überlegungen zur Steigerung der Versorgungssicherheit erlebte die Bioenergiebranche einen weltweiten Boom – zwischenzeitlich hat der massive Preisverfall des Rohöls diesen Boom der Nachwachsenden Rohstoffe, kurz »NAWARO's«, allerdings abgeschwächt.

Biomasse wird zur Stromgewinnung, zur Wärmenutzung, zur Kraftstoffgewinnung oder in der chemischen Industrie eingesetzt und beispielsweise über das EEG oder das Biokraftstoffquotengesetz gefördert. Im Teilbereich Bioenergie liegt der Schwerpunkt auf der Betrachtung der Energietechnologien zur energetischen Nutzung von Biomasse und Biokraftstoffen bis hin zur Endenergiebereitstellung.

Neben dem Verbrennen von Biomasse oder deren Umwandlung zu Gas oder flüssigem Kraftstoff fokussiert sich die Forschung auch auf Lösungen, um die Flächenkonkurrenz zur Herstellung von Nahrungsmitteln zu vermeiden. Energetische Biomasse wird daher gentechnisch verändert, um beispielsweise schnelleren Wuchs auf engerem Raum mit höheren Stärkekonzentration und geringerer Schädlingsanfälligkeit zu generieren.

Die bereits gut ausgebaute energetische Nutzung von Biomasse in der Region darf jedoch nicht davon ablenken, dass es weiteren Entwicklungsbedarf gibt. Insbesondere ist dabei zu betonen, dass ungenutzte Potentiale bei der Biomassenutzung erschlossen werden können, es bedarf der Effizienzsteigerung von bestehenden Anlagen und die vorhandenen Ressourcen müssen noch effektiver genutzt werden. Eine Schlüsselposition zur Steigerung der Energieeffizienz kann dabei die Abwärmenutzung und/oder die Aufbereitung zu Biomethan und Einspeisung ins Erdgasnetz einnehmen.

Alles was sich bewegt: Elektrisch!
Alle reden von Elektromobilität und einige Unternehmen besetzen dieses Thema offensiv, meist mit schnellen und schicken Lifestyle-Fahrzeugen für den etwas tieferen Geldbeutel, die mit dem großen Drehmoment eines Elektromotors für sportwagengleiche Beschleunigungswerte sorgen. Die Elektroautos haben locker über 200 PS – und das von der ersten Sekunde an. Entsprechend gibt es »richtige« Sportwagen mit Stromantrieb wie die Modelle von Tesla oder den »Ruf-Porsche«, aber auch Motorräder, wie z. B. der österreichische »Johammer« werden zunehmend »elektrisch«.

Passen Stromrennwagen und Energiewende zusammen und warum? Elektrofahrzeuge sind tatsächlich eng mit der

Energiewende verknüpft, denn sie können viel zum Ausbau erneuerbarer Energien, zum Sicherstellen der Netzstabilität und zur effektiveren Erzeugungssteuerung beitragen. Aber wie? Schon öfters wurde gesagt, dass eine der zentralen Herausforderungen der Elektrizitätsversorgung ist, dass Strom nur in begrenztem Umfang und zu sehr hohen Kosten gespeichert werden kann. Das Problem verschärft sich noch durch den Ausbau der Wind- und Sonnenenergie, die vom Bedarf völlig abgekoppelt und unregelmäßig Strom erzeugen. Das Beste wären also große Speichermöglichkeiten, in denen man den zu einem bestimmten Zeitpunkt überflüssigen Wind- und Sonnenstrom einlagern und dann wieder abzapfen kann, wenn er tatsächlich gebraucht würde.

Elektroautos sind dann als Speicher für das System einsetzbar, wenn sie nicht rollen und an das Stromnetz angeschlossen sind. Das Herz eines Elektroautos ist weniger der Motor, sondern die Batterie bzw. der Akku, welcher beim Fahren entladen und am Stromnetz wieder aufgeladen wird. Die Benutzung eines Privatwagens beträgt heute durchschnittlich weniger als zwei Stunden am Tag. Überträgt man diese Nutzungsdauer auf ein Elektrofahrzeug, könnte dieses theoretisch die restlichen über 22 Stunden täglich an das Stromnetz angeschlossen werden und es wäre möglich, Strom aus der Batterie auch in das Stromnetz wieder »einzuspeisen«. Bei Vernetzung der Batterien mehrerer bzw. vieler Elektroautos hätte man hierdurch einen riesigen Speicher, den man für die Netzstabilisierung nutzen könnte.

Soweit die Theorie. Aber natürlich sind noch viele Fragen offen: Wird einem Netzbetreiber der Zugriff auf die eigene Fahrzeugbatterie überhaupt gestattet, ist eine ausreichend hohe Anzahl von Elektrofahrzeugen realistisch, sind sie praxistauglich und: Wie sieht die Kosten-, Energie- und Klimabilanz der Elektromobilität aus?

Die erste Frage ist relativ einfach zu beantworten: Natürlich muss es für einen Zugriff auf die Batterie einen finanziellen Anreiz geben. Gespeicherter Strom ist ein ungeheuer wertvolles Gut. Falls also das Auto nicht gebraucht wird, kann man bares Geld verdienen. Über den Smart Meter werden die genauen Zeiten an den Netzbetreiber übermittelt, in denen das Auto sowieso nur in der Garage steht. Der gleiche Smart Meter sorgt auch dafür, dass die Batterien dann beladen werden, wenn der Strom günstig und im Überfluss vorhanden ist.

Aber werden tatsächlich viele Menschen auf Elektroantrieb umsteigen? Wie nur wenig anderes gilt die individuelle Mobilität als Ausdruck unserer Zeit: Mit dem Auto ist die Freiheit verbunden, überall hinzukommen, sei es privat oder geschäftlich. Es steht für Freiheit und beliebige Verfügbarkeit. Für viele bedeutet ihr Auto Spaß und Vergnügen, für die meisten ist es einfach unverzichtbar, weil sich notwendige Wege zur Arbeit, zur Schule, zum Kindergarten oder zum Einkaufen gar nicht anders zurücklegen lassen. Und das soll nun alles elektrisch gehen?

Der größte Entwicklungsbedarf steckt aber in den Batterien. Die gängigen wieder aufladbaren Lithium-Ionen-Batterien, die auch in Notebooks eingesetzt werden. sind relativ teuer, groß und vor allem schwer. Ein 1 kg schwerer Akku speichert nur einen Bruchteil der Energie (etwa ein 50stel), den 1 kg Normalbenzin enthält. Dennoch hat die Reichweite bei den neuen Testautos, schon deutlich zugenommen und beträgt mehr als 200 km. Eigentlich kein Problem, denn 95 Prozent aller Autofahrten sind kürzer als 70 km. Dennoch: Auch die weite Urlaubsreise soll mit dem Auto machbar sein – dafür sind aber die Ladezeiten viel zu lang, dauert es doch mindestens zwei Stunden, bis die Batterie voll ist. Auch hier gibt es erste Überlegungen, wie diese Schwachstelle zu beheben ist: Wie früher bei den Postkutschen, wo die Pferde bei Müdigkeit gewechselt wurden, könnten an den Stromtankstellen die Akkus getauscht werden.

Abbildung CO$_2$-Äquivalente in g/km – Vergleich für ein Fahrzeug der Kompaktklasse

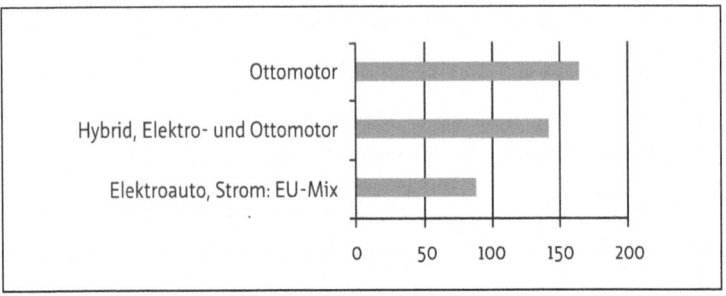

Quelle: Well-to-wheel; www.optiresource.org

Wirtschaftlich und klimapolitisch hat die Elektromobilität ebenfalls Vorteile. In der Anschaffung sind moderne Elektroautos zwar noch viel zu teuer. Doch im Betrieb sind sie preiswert: Für dieselbe Menge Strom, die man benötigt, um so weit zu kommen wie mit einem Liter Benzin, zahlt man derzeit nur etwa 40 Cent. Den Elektromotoren kommt dabei auch ihr extrem hoher Wirkungsgrad zu Gute, der bei etwa 90 Prozent liegt, während ein normales Auto kaum ein Viertel der im Sprit enthaltenen Energie in Vortrieb umsetzt. Deshalb lohnt sich selbst eine Kombination aus Elektro- und konventionellem Antrieb (Hybridantrieb). Solch ein Hybrid gleicht zwar den Nachteil der kurzen Reichweite aus, ist aber umwelttechnisch und klimapolitisch keine optimale Lösung. Den geringsten CO$_2$-Ausstoß weist klar das Elektroauto aus. Er beträgt schon mit dem heutigen Erzeugungsmix nur die Hälfte der Emissionen eines Benzinmotors. Mit dem weiteren Ausbau Erneuerbarer Energien verbessert sich diese Bilanz weiter. Zudem wird, selbst wenn es in Deutschland 1 Mio. Elektrofahrzeuge gäbe, kein zusätzliches neues Kraftwerk notwendig. Es würden zwar etwa 600 MW Leistung benötigt, die über den dann möglichen effizienteren Einsatz der bestehenden Erzeugungsanlagen gut abgedeckt werden könnten. Schließlich: Elektroantriebe verursachen keinen Lärm und stoßen beim Betrieb lokal keine Schadstoffe aus. Sie werden also auch zur Reduzierung der Belästigung der Menschen durch Schall und Feinstaub beitragen.

Power-to-X – Verbrauchst Du noch oder speicherst Du schon?

Power to was? Unter »Power-to-X« versteht man die Umwandlung von Strom in besser speicherbare Energieformen, um das schwankende Angebot der erneuerbaren Energien zu regeln und deren Integration in das System zu ermöglichen. Das X steht dabei für die jeweilige Energieform, wie z. B. Gas (Power-to-Gas), Wärme (Power-to-heat), Kälte (Power-to-cool), Kraftstoff (Power-to-liquid) oder Druckluft (Power-to-pressure). Die interessante Möglichkeit ist dabei, das nach der Umwandlung auch eine »Rückverstromung« möglich ist: Mit Gas, Wärme oder Kraftstoff können Turbinen oder Kraftwerke betrieben werden. Das Problem bei der Energieumwandlung sind die hohen Verluste, welche viele der genannten Speichertechnologien derzeit völlig unwirtschaftlich machen. Im Vergleich der Power-to-X Anwendungen ist die Erzeugung von Wasserstoff durch Elektrolyse heute weit fortgeschritten, insbesondere durch die Speicherfähigkeit des Wasserstoffes oder dessen Verwendung in Brennstoffzellen. Wasserstoff kann auch durch einen weiteren Prozess in Methan umgewandelt werden und in das Gasnetz eingespeist werden.

»Smart« oder »Ich weiß, was Du letzten Sommer getan hast«

Zur Steigerung der Effizienz beim Stromverbrauch werden aber auch neue Technologien eingesetzt. Modernste Informationstechnologie wird mit der Stromlieferung kombiniert: »Smart Meter« lautet das Schlagwort in diesem Zusammenhang. Aber was sollen diese intelligenten Stromzähler bringen? Hier dreht sich nicht einfach ein Rädchen mit rotem Strich wie bei den alten Messgeräten, sondern der Verbrauch wird zeitaktuell gemessen und kann zum Beispiel auf dem heimischen PC analysiert werden. Dass macht es nicht nur leichter, Stromfresser im Haushalt zu identifizieren, sondern eröffnet auch neue Perspektiven für die Stromabnahme. Denn mit dem Smart Meter wird ein flexibler und lastabhängiger Verbrauch möglich: Stromintensive Nutzungen, wie das Anstellen von Wasch- und Spülmaschine oder die Warmwasseraufbereitung, können automatisch in bestimmte Abend- und Nachtstunden verschoben werden, in denen der Strom billig ist, weil es z. B. gerade viel Windeinspeisung, aber wenig Verbrauch gibt. Entsprechend könnte auch ein intelligenter, topisolierter Kühlschrank nachts etwas stärker kühlen und dafür am Tag Strom sparen. Die größten Vorteile: Der Stromkunde spart Geld, die Stromerzeuger können wegen der damit verbundenen Glättung der Lastkurve, also der größeren Gleichmäßigkeit beim Stromverbrauch, ihr Kraftwerksmanagement effizienter gestalten und Netzbetreiber müssten weniger Regelenergie einkaufen. Heute laufen viele Erzeugungsanlagen nachts und am Wochenende in Teillast, tagsüber muss dagegen Spitzenlast zugeschaltet werden, um den Bedarf zu decken. Diese Schwankungen in Lastkurve führen zu einem System, das unwirtschaftlicher und klimaschädlicher ist, als es sein müsste. Smart Metering klingt also nach einer Detailfrage der Energiewirtschaft – ist aber für das Erreichen des Zieldreiecks von eminenter Bedeutung. Zukunftsmusik, die vom Staat in die Realität geholt werden sollte, bisher aber aufgrund ausstehender rechtlicher Grundlagen, insbesondere hinsichtlich der Frage, von wem die Kosten getragen werden und wie die Datensicherheit gewährleistet werden kann, noch in den Startlöchern steht. Für die Rolle von »Big Data« (siehe 10 Minuten Markt und Preise) in der Energieversorgung werden die intelligenten Zähler eine entscheidende technische Voraussetzung sein.

Solarthermische Kraftwerke und Wüstenstrom

Solarthermische Kraftwerke nutzen nicht den Photovoltaik-Effekt des Sonnenlichts zur Stromerzeugung, sondern die Wärme der Sonne. Unter diese Kraftwerkskategorie fallen verschiedene Typen.

Zu den wichtigsten gehört das »Aufwindkraftwerk«, das sich den Kamineffekt zu Nutze macht. Unter einem großflä-

Abbildung   Wind und Sonne in einem Kraftwerk

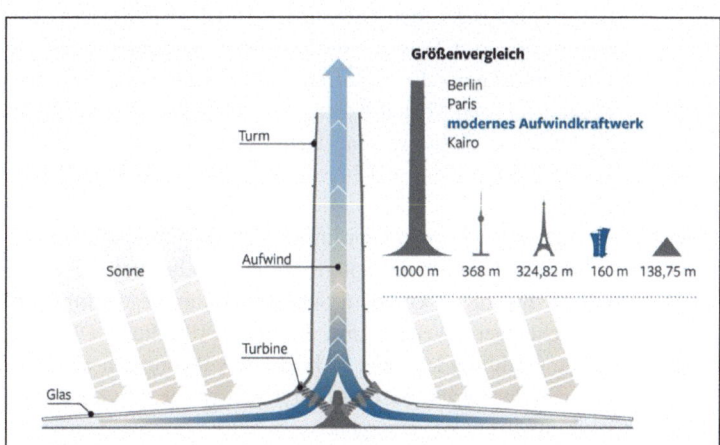

Quelle: Die Welt

chigen Dach wird wie bei einem Treibhaus die Luft erwärmt und zu einem hohen Kamin in der Mitte geleitet. Die darin entstehende Thermik treibt eine oder mehrere mit Generatoren gekoppelte Turbinen an, die den Strom erzeugen. Ein Aufwindkraftwerk wurde schon 1903 vom spanischen Ingenieur Isidoro Cabanyes beschrieben. Allerdings dauerte es bis in die 80er Jahre, bis die erste, sehr kleine Versuchsanlage (0,1 MW) in Spanien gebaut wurde. Problematisch bei Aufwindkraftwerken ist ihr geringer Wirkungsgrad, der den Betrieb nur in sehr sonnenreichen Gegenden wirtschaftlich macht und zudem relativ große Flächen und vor allem einen sehr hohen Kamin (bis zu 1000 Metern) benötigt.

Ein zweiter Typ solarthermischer Kraftwerke nutzt die Sonnenwärme zur Erzeugung von Wasserdampf, wodurch zum einen in konventionellen Kraftwerken Brennstoff eingespart oder zum anderen auch reiner Solarstrom erzeugt werden könnte. Solche Anlagen funktionieren nach einem einfachen Prinzip: Das Sonnenlicht wird über gebogene Spiegel gebündelt und erhitzt ein Trägermedium, zum Beispiel Helium, Flüssigsalz oder Thermo-Öl. Das heiße Medium wiederum erwärmt Wasser, welches dabei verdampft und Turbinen und Generatoren antreibt. Diese Kraftwerke könnten sogar noch den Vorteil haben, auch Strom zu liefern, wenn nachts keine Sonne scheint: Denn heiße Trägermedien können bei Tag Wärme speichern und nachts in dosierter Form abgeben.

Dazu braucht man allerdings viel Sonne: Deshalb hat die Sahara die Fantasie der Solarthermie-Forscher besonders angeregt: Bis zu 60 Grad im Schatten, kaum Vegetation und menschenleere Weiten. Und Sonne im Überfluss. Die Sonneneinstrahlung ist dabei so hoch, dass theoretisch eine Fläche von der Größe Bayerns ausreichen würde, um die ganze Welt mit Strom zu versorgen.

Doch wie könnte ein solches Vorhaben aussehen? Ein Plan sieht die Errichtung gigantischer Solarkraftwerke im Wüsten-

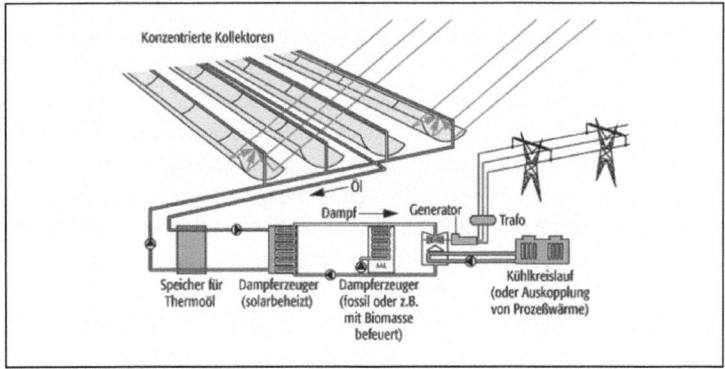

Quelle: Technik Lexikon

sand vor, die den Stromhunger Europas stillen sollen. Die am weitesten reichenden Planungen sprachen schon von einem grünen Stromnetz vom Polarkreis bis in die Wüste, in dem immer irgendwo Wind weht oder die Sonne scheint. Was behindert dann noch die Realisierung?

Vor allem drei Aspekte sind problematisch: 1. Die Kosten, 2. die Anbindung nach Europa und 3. die Sicherheit vor Ort. Im Sommer 2009 wurde ein Konsortium gegründet, das in zehn Jahren den ersten Saharastrom produzieren soll – bis 2050 sollen 15 Prozent des europäischen Strombedarfs gedeckt werden. Kostenpunkt für die erforderliche Infrastruktur: 400 Milliarden Euro.

Die nächste Hürde liegt in der Netzanbindung. Europa und Afrika trennen in der Straße von Gibraltar zwar nur 14 Kilometer. Doch von der Wüste zu den Verbrauchsorten z. B. in Deutschland sind es Tausende von Kilometern. Strom über so große Entfernungen zu transportieren, ist sehr verlustreich. Selbst in den teuren HGÜ-Leitungen gehen gut drei Prozent auf tausend Kilometern verloren. Ein Europa-Sahara-Netz würde indes leicht Zehntausende Kilometer lang werden.

Die technischen Herausforderungen sind also enorm, aber unter Umständen lösbar. Verbleibt wie bei allen Energiefragen die politische Dimension. Denn Voraussetzung für eine zuverlässige Partnerschaft ist politische Stabilität, Demokratie und Wohlstand – Attribute, die man auch nach dem arabischen Frühling nicht unbedingt mit allen Staaten Nordafrikas verbindet. Neben der technischen Realisierbarkeit des Projekts muss deshalb auch an den politischen und gesellschaftlichen Voraussetzungen gearbeitet werden. Ansonsten wäre es fahrlässig, sich in eine neue Abhängigkeit zu begeben. Vielversprechende Initiativen, wie z. B. desertec, kämpfen derzeit um die Realisierung ihrer Projekte, aufgrund der Unsicherheit und Kosten springen immer mehr Partner ab. Weite Verbreitung haben allerdings die solarthermischen Kraftwerke des »kleinen Mannes« in Deutschland gefunden: Mittels eines Solarabsorbers aus Metall, der auf dem Dach angebracht wird und Sonnenwärme »sammelt«, wird das durch den Kollektor fließende Wasser erhitzt und die Wärme über einen Wärmetauscher für Heizung oder Warmwasser genutzt.

Die Fusion der Kerne

Neue Technik braucht Zeit. Von allen Zukunftstechnologien dürfte die Kernfusion noch am weitesten von einer energiewirtschaftlichen Nutzung entfernt sein. Ein kommerzieller Betrieb vor dem Jahr 2050 ist derzeit nicht denkbar. Weshalb beschäftigen wir uns dann mit etwas, das erst unseren Enkelkindern vielleicht einmal zur Verfügung steht? Und was wollen wir in Zeiten des Atomausstiegs mit einem neuen Reaktortyp?

Brennstoffbedarf
Ein Fusionsreaktor könnte aus einem Kilogramm Wasserstoff Energie erzeugen, für die sonst 10 000 Tonnen Steinkohle benötigt würden.

Die Vorzüge der Kernfusion sind mehr als bestechend: Mit einem unerschöpflichen Brennstoffvorrat, einem vergleichsweise unproblematischen Abfall, einer besseren Anlagensicherheit und einer enormen Energieausbeute kommt die Fusionsenergie beinahe daher wie die Lösung aller Energieprobleme. Die Gemeinsamkeiten mit der Kernspaltung hören dabei schon mit der Tatsache auf, dass es um Atome geht und auch ein Fusionsreaktor auf der Basis einer Kettenreaktion funktioniert. Denn beim Fusionsreaktor werden zwei positiv geladene Atomkerne (Ionen, meist solche der Wasserstoff-Isotope Deuterium und Tritium) aufeinander geschossen. Bei der Kollision der Teilchen entsteht reine Energie, und zwar jede Menge. Das Problem: Wie die positiv geladenen Enden zweier Magnete stoßen sich auch die positiv geladenen Ionen voneinander ab. Die Geschwindigkeit der Teilchen muss also extrem hoch sein, damit sie überhaupt kollidieren. Die hierfür benötigte Energie ist gewaltig und steht bei Einzelreaktionen in keinem Verhältnis zur Energieausbeute. Um wirtschaftlich Energie zu gewinnen muss eine sich selbst tragende Kettenreaktion herbeigeführt werden. Diese Reaktion gibt es bereits unter natürlichen Bedingungen – jedoch nicht auf der Erde, sondern der Sonne. Nahezu all ihre Strahlungsenergie entstammt der Fusion von Wasserstoffkernen. Der außerordentlich hohe Druck und die hohen Temperaturen halten den Prozess von selbst in Gang.

> Mitte 2014 wurde in Greifswald nach neun Jahren Bau der **»Wendelstein 7X«** fertiggestellt. In der Versuchsanlage sollen kontrolliert Wasserstoffkerne verschmolzen werden. Die Forschungen könnten die Grundlage für eine kommerzielle Nutzung der Kernfusion bilden.

Es ist leicht verständlich, dass diese Bedingungen nur schwer von Menschenhand nachgeahmt werden können. Doch wo sich Klimaschutz und sichere Energie verbinden, ist die Forschung in vollem Gange. Die wichtigsten Grundlagen für einen kommerziellen Betrieb soll der Forschungsreaktor ITER liefern. Er ist ein Gemeinschaftsprojekt, an dem neben der EU auch die USA, Japan, China und Russland sowie weitere Partner beteiligt sind. Nicht zuletzt die voraussichtlichen Kosten in Höhe von sechs Milliarden Euro lassen sich so besser schultern. Am Standort Cadarache unweit der Mittelmeermetropole Marseille laufen seit 2009 die Bauvorbereitungen. Im Jahr 2026 soll der Betrieb mit Deuterium und Tritium beginnen und in zwanzig Jahren Laufzeit Erkenntnisse liefern, die schließlich in einen wirtschaftlich konkurrenzfähigen Betrieb zur Stromerzeugung münden könnten. Der lange Zeitraum entspricht den zu erwartenden technischen Herausforderungen: Gearbeitet wird mit Hochvakuum, extrem starken Magnetfeldern und Temperaturen von 100 Millionen Grad Celsius. Sofern die Forschungen erfolgreich verlaufen, könnte in der zweiten Hälfte unseres Jahrhunderts der erste Fusionsreaktor stehen. Er würde dann mit sehr geringen Mengen an Brennstoff auskommen und der Brennstoff selbst wäre nahezu unerschöpflich. Auch die Gefahr eines Unfalls wäre noch geringer als bei heutigen Kernkraftwerken, da die Kettenreaktion bei Störungen von selbst zum Erliegen kommt. Zudem fallen im laufenden Betrieb keine radioaktiven Reststoffe an.

Ein schöne Vision, aber eine Utopie? »Ich möchte hoffen, dass uns die Kernfusion einmal Strom liefert. Als Physiker bin ich fasziniert von dieser Option. Aber eine ganze Menge Fragen sind noch offen«, so Dr. Reinhard Grünwald vom Büro für Technikfolgenabschätzung des Deutschen Bundestags. Ob Kernfusion, Erneuerbare oder CCS: Je besser unsere Antworten sind, desto näher rückt eine sichere, klimafreundliche und wirtschaftliche Energiezukunft.

Zusammenfassung

- Energiegeschichte ist Energieforschung ist Energiezukunft.
- Energieeffizienz ist eine der wesentlichen Säule der Energiewende – das Potential ist bisher nur unzureichend erschlossen.
- Der Erfolg der Energiewende wird im Wesentlichen von der Technik bestimmt. Meilensteine werden sein: Smart

meter, Speichertechnologien, effiziente erneuerbare Anlagen, eine stärkere Vernetzung und Informationsaustausch sowie Elektrofahrzeuge.
- Kernfusion wäre die Lösung aller weltweiten Energieprobleme und würde unsere Versorgung revolutionieren, der Weg allerdings ist noch weit.
- Forschungsmittel von Bund, Ländern und Europa sollten genauso wie das Engagement der forschenden Unternehmen stark steigen.

5 Energie, Wirtschaft, Klima: Was ist zu tun?

Energieversorgung, wirtschaftliche Entwicklungschancen und Klimawandel sind drei Megathemen, die uns durch das gesamte 21. Jahrhundert begleiten werden. Sie bergen schon jedes für sich betrachtet das Potential für globale Krisen und Konflikte, ja unter Umständen sogar für bewaffnete Auseinandersetzungen. Aber noch mehr: Energie, Wirtschaft und Klima sind auf das engste miteinander verwoben. Eine sichere Energieversorgung zu angemessenen Preisen bildet das Rückgrat von Wachstum und Wohlstand nicht nur in den Industriestaaten, sondern auch in den Entwicklungsländern. Der Zugang zu knappen Energieträgern wird so zur Existenzfrage ganzer Volkswirtschaften, Abhängigkeiten könnten sich zuspitzen. Gleichzeitig ist die Verfeuerung von fossilen Brennstoffen für den Klimawandel verantwortlich. Seine Folgen könnten wiederum in den weniger entwickelten Teilen der Erde Konsequenzen haben, die deren ökonomische Chancen stark beeinträchtigen. Letztlich wird auch die westliche Welt nicht davon verschont, weil wir die Folgen von Klima-Migration, gewaltsamen Konflikten oder von vermehrten Naturkatastrophen konkret auch wirtschaftlich spüren werden. Die Regierungen sind also gut beraten, die Themen in den Fokus ihrer Aufmerksamkeit zu rücken – und dabei alle politischen Ebenen zu berücksichtigen: global, national und regional.

Im vorliegenden Band wurde versucht, den Dreiklang Energie – Wirtschaft – Klima einfach und verständlich am Beispiel der Stromwirtschaft durchzudeklinieren und zu fragen, welche Schlussfolgerungen dabei für Deutschland zu ziehen sind. Dabei wird klar: Die deutsche Energiewende muss ein Erfolg werden. Die Stromversorgung ist das Rückgrat der deutschen Wirtschaftsleistung, sie spielt für unseren Wohlstand eine zentrale Rolle. Die Energie- und Strompreise sind ein wesentlicher Standortfaktor für die Industrie, aber auch für die Überlebensfähigkeit vieler kleiner und mittelständischer Betriebe. Dies betrifft nicht einige wenige Branchen, sondern die Kernbereiche der deutschen Wirtschaft: Automobile, Chemie, Stahl, Pharma und Anlagenbau. Ihre herausragende Bedeutung für die Arbeitsplätze muss hier nicht mehr eigens begründet werden. Auch für die Lebensführung der Menschen sind die Energiekosten schon seit Längerem zum wichtigen Thema geworden – zu Zeiten höchster Preise wurde die Energiefrage sogar zur neuen sozialen Frage ausgerufen. Dies gilt auch für die Elektrizität, selbst wenn die Stromrechnung für den einzelnen Haushalt nicht den größten Anteil an den Energiekosten ausmacht.

Gleichzeitig ist das klimapolitische Gebot, den Anteil der Erneuerbaren zu steigern, nicht nur – sinnvollerweise – politischer Wille, sondern auch ein umfassender gesellschaftlicher Konsens. Darüber hinaus profitiert auch Deutschlands Wirtschaft von der Führungsrolle bei diesen Zukunftstechnologien: Arbeitsplätze und Exportchancen entstehen. Dagegen scheint sich über die Versorgungssicherheit in Deutschland kaum jemand Gedanken zu machen – weil alles läuft und mögliche Risiken langfristig sind. Dennoch stellen sich gerade hier große Herausforderungen: Wie sichern wir eine stabile und vorhersehbare Erzeugung? Welche Rolle spielen dabei die unterschiedlichen Energieträger? Gelingen uns die Modernisierung und der Ausbau des Stromnetzes? Wie wollen wir Forschung und Entwicklung vorantreiben?

Neben der Bezahlbarkeit und der Versorgungssicherheit wird immer mehr die Akzeptanz der Folgen der Energiewende zur Herausforderung: Wo sollen die Leitungen gebaut werden? Wo sollen die Windenergieanlagen errichtet werden? Wo die Speicher? Wo die wahrscheinlich notwendigen neuen konventionellen Kraftwerke?

Die Diskussion wird noch durch zwei weitere Faktoren verkompliziert: Zum einen gibt es global betrachtet ganz verschiedene »Energiewenden«. Außerhalb Deutschlands geht es in vielen Staaten Europas um die Überwindung der Wirtschaftskrise, weniger um den Ausbau der Erneuerbaren. In den USA hat Fracking, unkonventionelles Öl und Gas die Energiewelt komplett verändert – mit globalen Folgen. In den Schwellenländern ist der Energiemangel zentrales Problem und es wird nach Wegen gesucht, den Energiehunger zu stillen. Zu all diesen Energiewenden steht die deutsche Energiewende in Konkurrenz. Zum anderen ist zu beachten, dass neue Technologien sich ihre Bahn brechen werden, gegebenenfalls wohl auch gegen die Politik. Digitalisierung, Effizienztechnologien und Energiedienstleistungen sind hier wichtige Stichworte. Zudem haben viele Erneuerbare schon Stromgestehungskosten erreicht, die es mit neuen konventionellen Kraftwerken aufnehmen können – über kurz oder lang wird daher am Aufbau oder an der Modernisierung von Energieinfrastruktur nichts an Windmühlen und Solarpanelen vorbeigehen.

Die Energiewende findet also in keinem leichten Umfeld statt. Gerade wegen dieser gesellschaftspolitischen Debatten und wegen der häufig vorgefertigten Meinungen auf allen Seiten haben wir in dem Buch versucht, pragmatisch und wertfrei grundsätzliche Zusammenhänge darzustellen und gleichsam eine Zwischenbilanz der Energiewende aufzuzeigen.

Jetzt, da viele Auswirkungen der Energiewende sichtbar werden und der Ausbau der Erneuerbaren in eine neue Phase kommt, ist eine Verständigung über die im Buch angesprochenen Grunddaten wichtig. Sie könnte der Ausgangspunkt für einen Prozess sein, in dem sich alle Beteiligten wieder an einen Tisch setzen, um über die nächsten Schritte für eine gesellschaftlich akzeptierte Energiewende, für eine zukunftsfähige, sichere und bezahlbare Energieversorgung zu beraten und zu entscheiden. Aus unserer Sicht sollte die Bundesregierung ein solches kohärentes Energieprogramm für die nächsten Jahre aufstellen. Das Weißbuch zum neuen Strommarktdesign und die nächste angekündigte EEG-Novelle können nur ein Anfang sein – die Themen werden dadurch nicht gelöst. Wir brauchen ein klares Zielbild, wie Erneuerbare, gesicherte Leistung und Flexibilität künftig ineinanderpassen sollen.

Dies ist umso wichtiger, als im Bereich Energieversorgung in den nächsten Jahrzehnten ein Paradigmenwechsel ansteht: Wir entwickeln uns von einer Öl-geprägten Welt in eine Strom-geprägte Welt. Elektrizität wird im täglichen Leben, in der Wirtschaft, bei der Mobilität und auch bei der Wärme eine immer größere Rolle einnehmen. Jeder einzelne sollte zwar Strom sparen, aber durch neue Anwendungen wird auch immer mehr Strom gebraucht werden. Strom wird so zur neuen Energiewährung der Welt – umso wichtiger ist es, dafür auch die richtigen politischen Leitplanken zu setzen.

6 Ein Blick in die Zukunft – eine fiktive Reise in das Jahr 2023

Rede der Geschäftsführerin des Verbandes der Deutsch-Französischen Industrie (BDFI) anlässlich der Einweihung des Offshore-Windparks »Angela Merkel« am 12. März 2023. Die Geschäftsführerin spricht vor 200 geladenen Gästen auf einer Plattform im Meer, 27 km vor der Küste der Normandie, inmitten von Windkraftanlagen.

Chèr Président de la République,
sehr geehrter Herr Bundeskanzler,
sehr geehrte Ehrenpräsidentin des europäischen Parlaments,
Frau Dr. Merkel,
sehr geehrte Abgeordnete der Assemblée Nationale und des
Deutschen Bundestages,
sehr verehrte Damen und Herren,

der 12. März 2023 ist heute ist für mich ein ganz besonderer Tag, an dem wir die letzte Ausbaustufe des europäischen Windenergieprogramms vollenden und 4200 MW dieses einzigartigen Windparks in Betrieb nehmen können, für den Sie, verehrte Frau Merkel, die Namenspatenschaft übernommen haben. Ich freue mich auch besonders darüber, dass wir es hier vor den Toren der Normandie geschafft haben, innerhalb eines halben Jahres diese Anlagen zu installieren – mein besonderer Dank gilt den Arbeitern, den Ingenieuren und Seeleuten, die durch ihren Einsatz, trotz stürmischer See bei Wind und Wetter, es überhaupt erst möglich machten, dass dieser Windpark heute hier eingeweiht werden kann. Die kurze Überfahrt an diesen Ort hat mich an meiner eigenen Seetauglichkeit zweifeln lassen und meinen Respekt vor der Leistung der am Bau dieser Anlage Beteiligten noch weiter erhöht. Auch möchte ich mich bei den Genehmigungsbehörden bedanken, die das Projekt mit einer sehr hohen Priorität begleitet haben.

Wenn ich die Windkraftanlagen heute hier sehe, erinnere ich mich zurück an das Jahr 2011, das ich persönlich mit drei Ereignissen verbinde:

- der Atomkatastrophe in Fukushima, die mich geschockt hat
- den Entscheidungen zur Energiewende in Deutschland, die mich überrascht haben und
- der Insolvenz meines früheren Arbeitgebers, der mich nachdenklich gemacht hat.

Ich habe mir damals, vor über 10 Jahren, durchaus vorstellen können, dass wir heute hier zusammen diesen Windpark einweihen – und ich muss sagen, so kurz nach meinem Ingenieursstudium war auch ich war Teil des Hypes rund um die Energiewende. Ich habe mir seinerzeit aber nicht vorstellen können, wie weit und steinig der Weg bis zu diesem Tag heute und hier werden wird.

Meine Damen und Herren,

Ich muss zugeben: Oft habe ich mir in den letzten Jahren die Frage gestellt, ob die deutsche Energiewende eine richtige Entscheidung war. Besonders auch vor dem Hintergrund, weil ich ein Jahr nach Fukushima im Jahr 2012 meinen Arbeitsplatz bei einer Erfurter Solarfirma verloren habe – das erschien mir, nicht zuletzt wegen der geplanten Investitionen in die Energiewende, seinerzeit völlig grotesk. Die Ernüchterung folgte unmittelbar, da ich merkte, dass der Arbeitsmarkt – auch für deutsche Ingenieure – immer enger wurde: Die Windbranche hatte mit fallenden Preisen und fehlenden Investoren zu kämpfen, die europäische Solarindustrie war quasi »tot«, die etablierten Energieversorger zogen sich teilweise aus Europa zurück, sie sparten und stellten keinen Nachwuchs mehr ein und Investoren winkten ab. Einige der Unternehmen gingen den Weg in die Insolvenz, andere fusionierten. Zusätzlich schlitterte Deutschland in eine massive Rezession.

Mein Vorvorgänger beim BDI, Ulrich Grillo, mahnte damals, dass die Wirtschaft unbedingt wettbewerbsfähige Energiepreise zum Überleben benötigte – sein Mahnen wurde leider nicht erhört. So wurde die in der Öffentlichkeit stark kritisierte Befreiung der energieintensiven Industrie von den durch die Energiewende entstehenden Mehrkosten, nicht zuletzt durch Druck der EU-Kommission – im Jahr 2017 gekippt. Und das hatte Folgen: Die Investitionen der Stahl-, Aluminium und Kupferhütten wie auch der chemischen Industrie in Deutschland gingen um rund 75 % innerhalb von drei Jahren zurück und die Belegschaft in diesem Segment wurde in dieser Zeit um insgesamt 45 % abgebaut. Ich erinnere mich noch an den gewerkschaftlichen Widerstand und die Streikwellen, die über das Land rollten. Verbunden mit dem Sterben der energieintensiven Industrie sind auch die Unternehmen unter die Räder gekommen, welche auf den Grundprodukten aufgebaut haben. War der Aluminiumhersteller »um die Ecke« erst mal weg, folgten die Unternehmen, welche das Aluminium veredelten. Mit negativen Auswirkungen auf fast alle Branchen, allen voran die deutsche Automobilwirtschaft.

Sie wissen, die Energiewende wurde in dieser Zeit Schritt für Schritt zum Symbol für den wirtschaftlichen Niedergang etablierter Wirtschaftszweige in Deutschland, die Energiewende wurde mit Massenarbeitslosigkeit gleichgesetzt und das Wort vom »deutschen Energiesterben« machte die Runde. Die Experten, die gar eine Energiewende 4.0 forderten, wurden rasch von der Wirklichkeit überholt.

Auffallend war, dass – Frau Dr. Merkel möge mit meine Wortwahl verzeihen – trotz der eilig einberufenen insgesamt sieben Energiegipfel bis 2017 zwar viel gesprochen, aber wenig entschieden wurde und noch weniger passiert ist. Der Bau neuer Kraftwerke, die für die Ausregelung der Wind- und Sonnenenergie erforderlich gewesen wären, kam völlig zum Erliegen, da sich ein Neubau nicht rechnete und auch einige Landespolitiker bremsten fleißig. Hinzu kam, dass die EEG Umlage von geradezu paradiesischen 3,5 cent/KWh in 2011 innerhalb wenigen Jahren auf 9,8 cent/kWh angestiegen ist.

Mit der Abschaltung weiterer deutscher Atomkraftwerke bis 2022 hat die Versorgungssicherheit in vielen Gebieten deutlich nachgelassen. Für den Bürger war davon weniger zu merken, der Strom kam weiter weitgehend störungsfrei aus der Steckdose, nein, es war eher die Wirtschaft, die die Folgen spürte, da sie plötzlich nur noch »unterbrechbare Netznutzungsverträge« abschließen konnte, die die Regulierungsbehörde zur Sicherung des gesamten Stromsystems durchgesetzt hatte. Viele Mittelständler in den südlichen Bundesländern klagten damals, dass die ungeplanten Stromunterbrechungen viel schlimmer waren, als die steigenden Preise. Kugellagerfabriken in Nordbayern gingen ebenso wie Automobilzulieferer und Maschinenbauer in Baden Württemberg ins Ausland – oder in die Insolvenz. Wie übrigens auch einige Stadtwerke.

Wir alle wissen, dass es Ende des Jahrzehnts für ausländische Investoren nur noch wenig attraktiv war, in Deutschland oder den unmittelbar betroffenen Nachbarländern, wie z. B. Österreich, Belgien oder den Niederlanden, zu investieren. Deutschland wurde wieder zum kranken Mann Europas und hat diesmal auch andere Länder angesteckt.

Der wirtschaftliche Abschwung brachte mit sich, dass auf der einen Seite zwar der Energiebedarf sank, auf der anderen Seite aber immer mehr erneuerbare Kapazitäten gebaut wurden, die dann Strom eingespeist haben, wenn der Wind wehte und die Sonne schien. Für die Statistik war das gut, denn bereits 2020 waren die Ziele der Bundesregierung weit übertroffen – 2020 wurde der Strombedarf zu 45 % und 2021 sogar zu 51 % aus Erneuerbaren Energien gedeckt. Unseren Nachbarn riss der Geduldsfaden, da immer öfter die deutschen erneuerbaren Energien die ausländischen Netze destabilisierten und konventionelle Kraftwerke abgeschaltet werden mussten – nachdem Polen und die Schweiz bereits Mitte des vorigen Jahrzehnts die Netzverbindungen zu Deutschland gekappt hatten, zogen zwei Jahre später die Tschechische Republik, Österreich, Dänemark und weitere drei Jahre später Frankreich, die Niederlande und Belgien nach. Die zunächst von Teilen der Öffentlichkeit bejubelte »Energieautarkie Deutschlands« verstummte schnell angesichts weiter steigender Preise, sinkender Versorgungssicherheit, schrumpfender Wirtschaft und einer politischen Isolation. War das die »schöne neue Energiewendewelt« oder nur bloß eine »Energieinsel in Quarantäne?«

Am 10. Februar 2021 kam dann der Weckruf, welcher als »schwarzer Freitag« in die deutsche Geschichte eingegangen ist. Durch einen Brand im Umspannwerk Eltmann in der Nähe von Bamberg und die Verkettung unglücklicher Umstände ist das Höchstspannungsnetz Nord-Süd um 19.22 Uhr völlig überraschend zusammengebrochen und hat ganz Deutschland durch »Mitreißen« der anderen Übertragungsnetze in Dunkelheit gesetzt. Der Zusammenbruch des Netzes hat gezeigt, dass der »elektrische Wiederaufbau« des Netzes »Zelle für Zelle« weder in der Nacht noch den darauffolgenden Tagen zu schaffen war. Es dauerte insgesamt 11 Tage, bis das System wieder vollständig funktionierte. Und in diesen 11 Tagen wurde den Deutschen schmerzlich bewusst, dass sie Schiffbrüchige auf der eigenen, einsamen Energieinsel waren. Die Auslandspresse berichtete ausgiebig über das »Energieentwicklungsland Deutschland« und die nächtlichen Satellitenaufnahmen zeigten deutlich die »Glühbirne Europa« mit dem schwarzen Fleck »Deutschland«.

Meine sehr geehrten Damen und Herren,

ich danke den Entscheidungsträgern in Berlin, Paris, Prag, Warschau und Zürich, dass sie zusammen mit den anderen europäischen Partnern bereits zwei Wochen nach dem deutschen blackout die Energieversorgung in Europa auf vier stabile Füße gestellt haben, ohne die wir auch heute diese Anlage nicht einweihen könnten:

- die Energiehilfe Deutschland (2021–2023) zur Systemstabilisierung »DESYS«
- den Europäischen Vertrag zu Energie und Versorgungssicherheit »SECURENERGIE«
- den Ausbaupakt europäische Netze »EUROGRID«
- den Ausbauplan Energieerzeugung und Erneuerbare Energien »EUROGENRES«

Ich darf Sie nun, Frau Präsidentin, bitten, zu mir auf die Bühne zu kommen um den Windpark offiziell in Betrieb zu nehmen. Herzlichen Dank und Glück auf!

Service-Annex: Akteure und Netztipps

Zur Untermauerung und Vertiefung von Energiewende in 60 Minuten sollen alle Beteiligten im Energiespiel nicht unterschlagen werden. Die Übersicht stellt die wichtigsten Akteure und Links zu wichtigen Veröffentlichungen und Themenportalen zusammen.

Politik und Verwaltung

Deutschland

Bundeskanzleramt
Als zentraler Koordinierungsstelle für die gesamte Regierungspolitik kommt dem Bundeskanzleramt eine wichtige Bedeutung im politischen Gefüge der Bundesrepublik zu. Es steht im ständigen Kontakt zu den Ministerien und anderen Bundesbehörden.
- www.bundeskanzleramt.de
- Netztipp: Energiewende (unter Rubrik: Themen)

Auswärtiges Amt (AA)
Das AA ist gemeinsam mit der Wirtschaft mit der Pflege und dem Ausbau der Außenwirtschaftsförderung betraut und schafft so die Grundlage für die Zusammenarbeit zwischen deutschen und ausländischen Unternehmen.
- www.auswaertiges-amt.de
- Netztipp: Globale Fragen (unter Rubrik: Außen- und Sicherheitspolitik)

Bundesministerium für Bildung und Forschung (BMBF)
Dem BMBF kommt eine zentrale Rolle bei der Förderung staatlicher Vorsorgeforschung in den Bereichen Umwelt, Klima und Ökologie zu.
- www.bmbf.de
- Netztipp: Übersicht über Forschung im Bereich Energie

Bundesministerium für Umwelt, Naturschutz, Bau und Reaktorsicherheit (BMUB)
Energiepolitische Kernthemen des BMU sind Reaktorsicherheit, Klimaschutz und Gebäudesanierung.
- www.bmub.bund.de
- Netztipp: Klima-Energie und Atomenergie-Strahlenschutz (unter Rubrik: Themen)

Bundesministerium für Verkehr und digitale Infrastruktur (BMVI)
Das BMVI kümmert sich um Fragen der Energiewende, die mit der Digitalen Agenda in Verbindung stehen sowie um Elektromobilität.
- www.bmvi.de
- Netztipp: Energiewende (unter Rubrik: Digitale Agenda)

Bundesministerium für Wirtschaft und Technologie (BMWi)

Als federführendes Ministerium in der Energiepolitik setzt das BMWi auf Vereinbarkeit von Wirtschaftlichkeit, Versorgungssicherheit und Umweltverträglichkeit.
- www.bmwi.de
- Netztipp: Energie (unter Rubrik »Themen); www.erneuerbare-energien.de

Bundesamt für Seeschifffahrt und Hydrographie (BSH)

Die Bundesoberbehörde im Geschäftsbereich des BMVBS ist u. a. zuständig für die Genehmigung von Offshore-Aktivitäten wie Windenergieanlagen und Pipelines. Sitz: Hamburg und Rostock.
- www.bsh.de
- Netztipp: Aktuelle Projektliste Offshore-Parks

Bundesanstalt für Geowissenschaften und Rohstoffe (BGR)

Die Fachbehörde des BMWi berät die Bundesregierung bei geowissenschaftlichen und rohstoffwirtschaftlichen Fragen, informiert die deutsche Wirtschaft und beteiligt sich an der internationalen geowissenschaftlichen Zusammenarbeit. Sitz: Hannover.
- www.bgr.bund.de
- Netztipp: Jahresberichte zum Thema Energierohstoffe.

Bundeskartellamt (BKartA)

Das Bundeskartellamt in Bonn ist eine selbständige Bundesoberbehörde im Geschäftsbereich des BMWi. Sie hat zur Aufgabe, den wirtschaftlichen Wettbewerb in Deutschland zu prüfen und zu überwachen.
- www.bundeskartellamt.de

Bundesnetzagentur für Elektrizität, Gas, Telekommunikation, Post und Eisenbahnen (BNetzA)
Die selbständige Behörde im Geschäftsbereich des BMWi überwacht u. a. die Einhaltung des Energiewirtschaftsgesetzes (EnWG). Hauptsitz ist Bonn.
- www.bundesnetzagentur.de
- Netztipp: Monitoringberichte zur Entwicklung des Strom- und Gasmarkts

Bundeszentrale für Politische Bildung (BpB)
Die Bundesanstalt im Geschäftsbereich des Bundesministeriums des Innern hat die Aufgabe, durch politische Bildungsmaßnahmen aller Art das demokratische Bewusstsein und die politische Partizipation zu fördern. Sitz: Bonn.
- www.bpb.de
- Netztipp: Energiepolitik (unter Rubrik: Politik-Wirtschaft)

Deutsche Emissionshandelsstelle (DEHSt)
Die dem Umweltbundesamt angegliederte Emissionshandelsstelle ist die zuständige nationale Behörde zur Umsetzung des im Kyoto-Protokoll vereinbarten Emissionsrechtehandels und kontrolliert die Zuteilung und Ausgabe der Emissionsberechtigungen für Deutschland. Sitz ist Berlin.
www.dehst.de

Deutsche Energie-Agentur GmbH (dena)
Die dena hat zum Ziel, die zukunftsfähige und umweltschonende Gewinnung, Umwandlung und Nutzung von Energie voranzutreiben und ist insbesondere ein Kompetenzzentrum für das Thema Energieeffizienz. Sitz: Berlin.
- www.dena.de
- Netztipp: Themenseite www.stromeffizienz.de

Monopolkommission
Unabhängiges Beratungsgremium der Bundesregierung auf den Gebieten der Wettbewerbspolitik und Regulierung, das alle zwei Jahre ein Gutachten zu Stand und Entwicklung der Unternehmenskonzentration in Deutschland herausgibt und mit Sondergutachten die Entwicklung im Energiemarkt beschreibt. Sitz: Bonn.
▸ www.monopolkommission.de

Sachverständigenrat Umweltfragen (SRU)
Der SRU ist ein wissenschaftliches Beratungsgremium der Bundesregierung mit dem Auftrag, die Umweltsituation und Umweltpolitik in der Bundesrepublik Deutschland und deren Entwicklungstendenzen darzustellen und zu begutachten sowie umweltpolitische Fehlentwicklungen und Möglichkeiten zu deren Vermeidung oder Beseitigung aufzuzeigen.
▸ http://www.umweltrat.de/

Statistisches Bundesamt (Destatis)
Die dem Bundesministerium des Innern zugeordnete Behörde hält Daten auf Bundes- und Länderebene in den Hauptbereichen Wirtschaft, Gesellschaft und Umwelt vor. Hauptsitz ist Wiesbaden.
▸ www.destatis.de
▸ Netztipp: Datenbank GENESIS Online

Umweltbundesamt (UBA)
Deutschlands zentrale Umweltbehörde hat die Aufgabe, die Bundesregierung wissenschaftlich zu beraten sowie die Öffentlichkeit zu Umweltthemen zu informieren. Sie gehört zum Geschäftsbereich des BMU und sitzt in Dessau.
▸ www.umweltbundesamt.de
▸ Netztipp: Klima-Energie (unter Rubrik: »Themen«)

CDU – Christlich Demokratische Union
▸ www.cdu.de

CSU – Christlich Soziale Union in Bayern
▸ www.csu.de

SPD – Sozialdemokratische Partei Deutschlands
▸ www.spd.de

FDP – Freie Demokratische Partei
▸ www.fdp.de

DIE LINKE
▸ www.die-linke.de

Bündnis 90/die Grünen
▸ www.gruene.de

AFD – Alternative für Deutschland
▸ www.alternativefuer.de

Europa und Welt

Europäische Kommission
Das politische unabhängige Organ wahrt die allgemeinen Interessen der Europäischen Union hat in Gesetzgebungsverfahren das Initiativrecht inne.
▸ www.ec.europa.eu/index_de.htm
▸ Netztipp: Leitseite Energie www.ec.europa.eu/energy

Europäisches Parlament
Das einzige direkt gewählte Organ der EU arbeitet auf Initiative der EU-Kommission Rechtsvorschriften aus. Den Lebensalltag der EU-Bürger berühren z. B. die Bereiche Umweltschutz und Verbraucherrechte.
▷ www.europarl.de
▷ Netztipp: Ausschuss Energie www.europarl.europa.eu/committees/itre_home_en.htm

Europarat
Der Europarat ist der Zusammenschluss aller 49 europäischen Staaten und setzt sich für die Förderung von wirtschaftlichem und sozialem Fortschritt ein. Fokusthema sind Menschenrechte. Er ist zu unterscheiden vom *Europäischen Rat* der Staats- und Regierungschefs und dem *Rat der Europäischen Union,* einem Gremium auf Ministerebene der EU-Staaten.
▷ www.coe.int

Europäischer Gerichtshof (EuGH)
Der Gerichtshof der Europäischen Gemeinschaften ist das oberste rechtsprechende Organ der Europäischen Gemeinschaften (EG). Er gewährleistet die einheitliche Auslegung des europäischen Rechts.
▷ www.curia.europa.eu

Energy Charter Treaty (ECT)
Die Energiecharta ist ein multilateraler Vertrag, der die Stärkung und Einhaltung der Handelsbedingungen in Energiefragen und Investitionssicherheit bezweckt. Sitz ist Brüssel, die Mitglieder sind hauptsächlich Länder Europas und Vorderasiens.
▷ www.encharter.org

European Atomic Energy Community (EURATOM)
Mit dem Unterzeichnen der Römischen Verträge wurde 1957 neben der Europäischen Wirtschaftsgemeinschaft die Europäische Atomgemeinschaft gegründet um Forschungsprogramme für die friedliche Nutzung der Nuklearenergie zu koordinieren und dadurch die Verbreitung der technischen Kenntnisse sicherzustellen aber auch gegenseitige Kontrolle zu ermöglichen.
- www.euratom.org

Agency for Cooperation of Energy Regulators (ACER)
ACER setzt sich aus den nationalen Regulierungsbehörden wie der Bundesnetzagentur zusammen.
- http://www.acer.europa.eu/Pages/ACER.aspx

International Atomic Energy Agency (IAEA)
Die unabhängige Institution innerhalb der UN-Familie dient der sicheren und friedlichen Nutzung der Atomenergie und ist Kompetenzzentrum für Sicherheitsfragen, technologische Standards und die Überwachung der Kernwaffenverbreitung. Sitz: Wien.
- www.iaea.org
- Datenportal NUCLEUS unter www.nucleus.iaea.org

International Renewable Energy Agency (IRENA)
Die in der Gründungsphase befindliche zwischenstaatliche Organisation will den Beitrag erneuerbarer Energien zu Klimaschutz, ökonomischen Wachstum und sozialen Zusammenhalt erhöhen. Vorgesehener Hauptsitz ist Abu Dhabi.
- www.irena.org

Statistisches Amt der Europäischen Gemeinschaften (Eurostat)

Das Brüsseler Eurostat stellt Statistiken für die Länder der EU zusammen, die von den nationalen statistischen Ämtern der Mitgliedstaaten erhoben werden und fördert die Harmonisierung statistischer Erhebungsmethoden.
▶ www.epp.eurostat.ec.europa.eu

Fraktion der Europäischen Volkspartei (EVP)
▶ http://www.eppgroup.eu/de

Progressive Allianz der Sozialdemokarten im Europäischen Parlament (S&D)
▶ www.socialistsanddemocrats.eu

Allianz der Liberalen und Demokraten für Europa (ALDE)
▶ www.alde.eu

Vereinte Europäische Linke/Nordische Grüne Linke (GUE-NGL)
▶ www.guengl.eu

Die Grünen/Europäische Freie Allianz (Grüne/EFA)
▶ www.greens-efa.eu/de.html

Europa der Freiheit und der direkten Demokratie (EFDD)
▶ www.efdgroup.eu

UN-Energy

UN-Energy ist ein interner Mechanismus der Vereinten Nationen um alle Programme im Bereich Energie zu koordinieren.
http://esa.un.org/un-energy

United Nations Development Programme (UNDP)
Das Entwicklungsprogramm der Vereinten Nationen in New York setzt sich für Interessen der Entwicklungsländer in der Öffentlichkeit ein, hat eine Schlüsselrolle bei der Umsetzung der Millenniumziele inne und koordiniert Entwicklungsaktivitäten auch im Bereich Energie.
- www.undp.org
- Netztipp: Jährlicher Human Development Report unter www.hdr.undp.org

United Nations Framework Convention on Climate Change (UNFCCC)
Die Klimarahmen-Konvention der Vereinten Nationen ist ein internationales Abkommen zur Reduzierung der globalen Erwärmung. Die jährlichen Weltklimagipfel sind zugleich Vertragsstaatenkonferenzen des Kyoto-Protokolls. Das Hauptbüro sitzt in Bonn.
- www.unfccc.int
- Netztipp: Datensammlung *Greenhouse Gas Inventory*

Western European Nuclear Regulators' Association (WENRA)
Die WENRA ist ein Zusammenschluss von Vertretern der Kernenergie-Aufsichtsbehörden europäischer Länder um die Reaktorsicherheit in den Mitgliedstaaten zu harmonisieren und weiterzuentwickeln. Deutsches Mitglied ist das BMU.
- www.wenra.org

World Energy Council (WEC)
Der WEC mit Sitz in London erarbeitet Analysen und Strategieempfehlungen zu allen Energieträgern. Mitglieder sind sowohl Regierungsstellen als auch Unternehmen und NGOs.
- www.worldenergy.org
- Netztipp: Deutsches Nationales Komitee des WEC unter www.weltenergierat.de

Wirtschaft und Verbände

Agentur für Erneuerbare Energien
- www.unendlich-viel-energie.de
- Netztipp: www.foederal-erneuerbar.de

Bundesverband der Deutschen Industrie e. V. (BDI)
Als Spitzenverband der Industrie vereint der BDI Fachverbände im Bereich der Industrieunternehmen und industrienahen Dienstleister und fungiert als Mittler zwischen Politik und Wirtschaft zur Stärkung des Industriestandortes Deutschland.
- www.bdi-online.de
- Netztipp: Positionspapiere zum Thema Energie unter www.bdi.eu/energie-und-rohstoffe.htm
- Netztipp: www.energiewende-richtig.de

Bundesverband der Energie- und Wasserwirtschaft (BDEW)
Im Bundesverband der Energie- und Wasserwirtschaft sind Unternehmen aus der Strom-, Fernwärme-, Gas-, Wasser- und Abwasserwirtschaft zusammengeschlossen. Der BDEW veröffentlicht neben seinem Jahresbericht Informationen zu energiewirtschaftlichen Themen. Sitz ist Berlin.
- www.bdew.de
- Netztipp: Umfangreiche Datensammlung zum Energiemarkt

Bundesverband Erneuerbare Energien e. V. (BEE)
Der BEE ist der Dachverband für alle erneuerbaren Energien und setzt sich für die Verbesserung der Rahmenbedingungen sowie die Durchsetzung der Chancengleichheit dieser Energien gegenüber anderen Energieträgern ein. Sitz ist Berlin.
- www.bee-ev.de

Bundesverband neue Energieanbieter (bne)

Der bne mit Sitz in Berlin ist ein Zusammenschluss von Stromlieferanten und -produzenten, die für die Versorgung ihrer Kunden mit Strom oder Gas überwiegend die Netze Dritter nutzen, und setzt sich für die Förderung, Durchsetzung und Kontrolle des Wettbewerbs auf dem Energiemarkt ein.

▶ www.neue-energieanbieter.de

European Energy Exchange

Die European Energy Exchange (EEX) mit Sitz in Leipzig entstand im Jahr 2002 durch die Fusion der deutschen Strombörsen Frankfurt und Leipzig. Seitdem hat sie sich von einer reinen Strombörse hin zu einem führenden Handelsplatz für Energie und energienahe Produkte mit internationalen Partnerschaften entwickelt.

▶ www.eex.com

Energieeffizienzverband für Wärme, Kälte und KWK (AGFW)

Der AGFW vertritt neben BDEW Betreiber von Heizkraftwerken und Fernwärmenetzen in Politik und Öffentlichkeit und setzt sich für Entwicklung und Ausbau der Nah-/Fernwärme-, Kälte- und KWK-Versorgung ein. Sitz ist Frankfurt am Main.

▶ www.agfw.de

Eurogas

Eurogas ist der Dachverband europäischer Unternehmen und Verbände, die in den Bereichen Förderung, Handel und Vertrieb von Erdgas tätig sind. Er vertritt die Interessen der europäischen Gasindustrie und sitzt in Brüssel.

▶ www.eurogas.org

European Federation of Energy Traders (EFET)
Der 1999 gegründete Verband mit Sitz in Amsterdam ist
ein Zusammenschluss europäischer Energiehandelsunternehmen, der die Bedingungen des Energiehandels in Europa
verbessern und den europäischen Energiemarkt vorantreiben will.
▶ www.efet.org

GNS Gesellschaft für Nuklear-Service mbH (GNS)
Die GNS übernimmt die Aufbereitung und Entsorgung radioaktiven Abfalls, der bei dem Betrieb von Kernkraftwerken
aber auch bei der Nutzung radioaktiver Stoffe in Industrie,
Forschung und Medizin anfällt. Sitz ist Essen.
▶ www.gns.de
▶ Netztipp: Themenseite www.endlagerung.de

European Network of Transmisssion System Operators for Energy (ENTSO-E)
Der Verband kontinentaleuropäischer Übertragungsnetzbetreiber koordiniert den Betrieb und die Erweiterung des
europäischen Verbundnetzes, um den internationalen Austausch elektrischer Energie zu erleichtern und eine zuverlässige und effiziente europaweite Versorgung sicherzustellen.
Sitz: Brüssel.
▶ www. https://www.entsoe.eu

Union of the Electricity Industry (Eurelectric)
Eurelectic in Brüssel vereint die europäische Elektrizitätswirtschaft und fungiert als Interessenvertretung bei Fragen
zur weiteren Liberalisierung und Harmonisierung des
Energiemarktes. Deutsches Mitglied des Dachverbands ist
der BDEW.
▶ www.eurelectric.org

Ostausschuss der Deutschen Wirtschaft e. V.
Träger des Ostausschusses der deutschen Wirtschaft sind fünf Spitzenverbände der deutschen Wirtschaft und rund 180 Mitgliedsunternehmen. Seit 1952 vertritt der Ostausschuss die Interessen der deutschen Wirtschaft im östlichen Europa; aktuell werden 21 Länder betreut.
▶ www.ost-ausschuss.de

Petersburger Dialog e. V.
Der Verein dient seit 2001 als offenes Diksussionsforum der Verständigung zwischen den Zivilgesellschaften in Deutschland und Russland. Die Schirmherrschaft hat der jeweils amtierende deutsche Bundeskanzler und der russische Präsident.
▶ www.petersburger-dialog.com

Verband der Chemischen Industrie (VCI)
Der VCI mit Sitz in Frankfurt am Main vertritt die wirtschaftspolitischen Interessen von 1 600 Chemieunternehmen gegenüber Politik und Behörden.
▶ www.vci.de

Verband der Industriellen Energie- und Kraftwirtschaft (VIK)
Der VIK vertritt die Interessen der Energiekunden in Industrie und Gewerbe. Ein Großteil der Mitglieder gehört zu den versorgerunabhängigen Stromproduzenten.
▶ www.vik.de

VKU Verband kommunaler Unternehmen e. V
Der Verband kommunaler Unternehmen mit Sitz in Berlin vertritt die Interessen der kommunalen Wirtschaft in den Bereichen Energie- und Wasserversorgung, Entsorgung und Umweltschutz. Viele Mitglieder sind Stadtwerke oder Nachfolgegesellschaften derselben.
- www.vku.de

8KU
8KU ist eine Kooperation von acht überwiegend regional operierenden Energieunternehmen. Sitz ist Berlin.
- www.8ku.de

Deutsches Atomforum (DAtF)
Das Deutsche Atomforum wurde gegründet, um die friedliche Nutzung der Kernenergie in Deutschland zu fördern. Mitglieder des Forums mit Sitz in Berlin sind vor allem Unternehmen der Energiewirtschaft.
- www.kernenergie.de
- Netztipp: Kraftwerksstatistiken für Deutschland

Nicht-Regierungsorganisationen

Attac
Attac ist eine Organisation von Globalisierungskritikern, die sich weltweit für eine ökologische und solidarische Weltwirtschaftsordnung einsetzt.
- www.attac.de

Service-Annex: Akteure und Netztipps

Bund für Umwelt und Naturschutz Deutschland (BUND)
Der BUND mit Sitz in Berlin ist einer der größten Umweltverbände Deutschlands und Mitglied von *Friends of the Earth International,* dem weltweit größten Netzwerk unabhängiger Umweltgruppen. Als anerkannter Träger öffentlicher Belange ist er Ansprechpartner für Umweltgesetzgebung und Raumordnung.
▹ www.bund.net

Greenpeace
Greenpeace setzt sich als internationale Organisation für den Schutz der Lebensgrundlagen für Mensch und Tier ein. Fokusthemen im Energiebereich sind Kernkraft und Mineralölwirtschaft. Deutschlandsitz ist Hamburg.
▹ www.greenpeace.de

World Wide Fund for Nature Deutschland (WWF)
Der WWF ist eine der größten Naturschutzorganisationen der Welt. Hauptanliegen ist die Bewahrung der Biodiversität. Sitz in Deutschland: Frankfurt am Main.
▹ www.wwf.de

Institute und Thinktanks

Agora Energiewende
Agora Energiewende Smart (Energy for Europe Platform (SEFEP) gGmbH) ist eine gemeinsame Initiative der Stiftung Mercator und der European Climate Foundation. Zusammen mit anderen Akteuren aus Politik, Zivilgesellschaft, Wirtschaft und Wissenschaft will Agora Energiewende ein gemeinsames Problemverständnis entwickeln, die Handlungsoptionen verstehen und politische Alternativen diskutieren.
▹ www.agora-energiewende.de

Deutsches Institut für Wirtschaftsforschung (DIW)
Das Wirtschaftsforschungsinstitut betreibt Grundlagenforschung und wirtschaftspolitische Beratung. Gutachten und Studien im Energiebereich bilden ein Hauptsegment des Instituts mit Sitz in Berlin.
▸ www.diw.de

Energiewirtschaftliches Institut an der Universität zu Köln (EWI Köln)
Das EWI erarbeitet in enger Kooperation mit Partnern aus Wirtschaft und Politik energiewirtschaftliche Fragen auf und erstellt Marktanalysen zum Energiesektor. Neben der öffentlichen Förderung wird das EWI durch eine Fördergesellschaft unterstützt.
▸ www.ewi.uni-koeln.de

Forum für Zukunftsenergien
Die Plattform will dem branchen- und interessenübergreifenden Diskurs über die Gestaltung einer nachhaltigen Energiewirtschaft dienen und setzt sich dabei sowohl für erneuerbare als auch für nicht-erneuerbare Energien ein. Mitglieder sind neben Bundesländern auch Verbände und Unternehmen des Energiesektors.
▸ www.zukunftsenergien.de

Hamburgisches WeltWirtschaftsInstitut (HWWI)
Das liberal ausgerichtete Wirtschaftsforschungsinstitut in Hamburg führt Analysen und Gutachten zu wirtschaftlichen Trends durch. Das Institut ist privatwirtschaftlich organisiert.
▸ http://www.hwwi.org/

ifo Institut für Wirtschaftsforschung
Das der Ludwig-Maximilians-Universität München angegliederte Institut ist eines der großen deutschen Wirtschaftsforschungsinstitute.
▸ www.ifo.de

Institut für Weltwirtschaft an der Universität Kiel (ifw)
Das ifw sieht seine Hauptaufgabe in der Erforschung innovativer Lösungsansätze für drängende weltwirtschaftliche Probleme und leistet hierzu Forschung, Beratung und Öffentlichkeitsarbeit.
▸ www.ifw-kiel.de

Intergovernmental Panel on Climate Change (IPCC)
In dem der Klimarahmen-Konvention (UNFCC) beigeordneten Ausschuss soll von Wissenschaftlern und Experten aus aller Welt der aktuellste Wissensstand zum Klimawandel zusammengetragen werden um zu Einschätzungen der Folgen des Klimawandels zu gelangen und Vermeidungs- und Anpassungsstrategien zu formulieren. Sitz ist Genf.
▸ www.ipcc.ch
▸ Netztipp: Sachstandsberichte zum Klimawandel

International Energy Agency (IEA)
Die Internationale Energieagentur ist eine eigenständige Einheit der OECD und dient den Mitgliedstaaten als Austauschforum energierelevanter Fragestellungen wobei Energiesicherheit und die Koordination von Energiestrategien im Vordergrund stehen.
▸ www.iea.org
▸ Netztipp: Jährlicher World Energy Outlook: www.worldenergyoutlook.org

Öko-Institut
Das Öko-Institut ist eine Forschungs- und Beratungseinrichtung für Politik und Wirtschaft. Unter dem Oberthema Nachhaltigkeit werden u. a. auch Energiefragen bearbeitet.
▶ www.oeko.de

Rheinisch-Westfälisches Institut für Wirtschaftsforschung e. V. (RWI)
Das Essener Institut ist Mitglied der Leibniz-Gemeinschaft und versteht sich als Zentrum für wissenschaftliche Forschung und Politikberatung. Im Fokus stehen Fragen zur Wirtschaftspolitik sowie Energie- und Umweltökonomie.
▶ www.rwi-essen.de

RWTH Aachen Universität
An der RWTH sind verschiedene Institute der Energiewirtschaft und Energietechnik angesiedelt, die ein breites technisches Spektrum abdecken.
▶ http://www.energietechnik.rwth-aachen.de/

Forschungsstelle für Energiewirtschaft e. V.
Förderung einer energieträgerneutrale »praktischen Energiekunde« durch Forschung, Lehre und öffentliche Information
▶ www.ffe.de

Institut für Energiewirtschaft und rationelle Energieanwendung (IER)
Durch Bearbeitung von Frage- und Problemstellungen im Überlappungsbereich von Energietechnik, Wirtschaft, Umwelt und Gesellschaft leistet das IER der Universität Stuttgart einen Beitrag zur Bewältigung der Energie- und Umweltprobleme.
▶ http://www.ier.uni-stuttgart.de

World Energy Forum (WEF)
Das WEF ist eine Austauschplattform für die globale Energieindustrie. Die Themenfelder umfassen Klimawandel, Energieträger und Zukunftstechnologien.
- www.worldenergyforum.com

Worldwatch Institute
Das in Washington ansässige Institut arbeitet auf dem Gebiet der Nachhaltigkeit und Technikfolgenabschätzung. Der umfassende Nachhaltigkeitsbegriff fokussiert vor allem das Schwinden natürlicher Ressourcen.
- www.worldwatch.org
- Netztipp: Jahresberichte mit wechselnden Spezialisierungen

Wuppertal Institut für Klima, Umwelt, Energie
Im Verantwortungsbereich des Ministeriums für Innovation, Wissenschaft, Forschung und Technologie des Landes Nordrhein-Westfalen angesiedelt, sieht sich das Institut der anwendungsorientierten Nachhaltigkeitsforschung verpflichtet. Strategien zum Thema Klimawandel und Energieversorgung sind Kernthemen.
- www.wupperinst.org
- Netztipp: Wuppertal Papers als Arbeitspapiere zu Förderung des Diskurses.

Netzbetreiber (Übertragung Strom und Ferngas)

Amprion GmbH
Amprion betreibt das ehemalige RWE Übertragungsnetz mit rund 11 000 Kilometern Länge. Es steht im Eigentum von Finanzinvestoren, die sich aus Banken, Versicherern und Versorgungskassen und dem früheren Hauptgesellschafter zusammensetzen.
- www.amprion.net

50Hertz Transmission GmbH
Das ehemalige Stromübertragungsnetz der Vattenfall Gruppe im Norden und Osten Deutschlands hat eine Länge von rund 10 000 km. Es gehört dem belgischen Übertragungsnetzbetreiber sowie einem australischen Infrastrukturfonds.
▶ www.50hertz.com

TenneT TSO Deutschland GmbH
Das Unternehmen ist Eigentümerin des ehemaligen E.ON Stromübertragungsnetzes. Die TenneT Gruppe ist ein europäischer Netzbetreiber und unterhält rund 21 000 km Hoch- und Höchstspannungsleitungen. Gesellschafter der TenneT-Gruppe ist der niederländische Staat.
▶ www.tennettso.de

Transnet BW GmbH
In Baden-Württemberg betreibt die 100 %ige Tochter der EnBW das Stromübertragungsnetz. EnBW ist eine Mehrheitsbeteiligung des Landes Baden-Württemberg.
▶ www.transnetbw.de

Open Grid Europe
Die größte deutsche Ferngasgellschaft (vormals E.ON Gastransport) betreibt ein Gasnetz von rund 12 000 km. Mitte 2012 wurde OGE von einem Konsortium – bestehend aus einem Infrastrukturfond sowie einem Rückversicherer – erworben.
▶ www.open-grid-europe.com

Ontras Gastransport GmbH
Die Tochtergesellschaft der Verbundnetz Gas AG ist ein überregionaler Ferngasnetzbetreiber und betreibt das zweitgrößte Hochdrucknetz Deutschlands mit über 7 200 km Leitungslänge, vorwiegend im Osten Deutschlands.

terranets bw GmbH
Das etwa 2000 km lange Ferngasnetz in Baden Württemberg steht im Eigentum der EnBW AG.
▸ www.terranets-bw.de

Thyssengas GmbH
Die ehemalige RWE Transportnetz Gas (Netzlänge rund 4 100km) wurde 2011 an zwei Investmentfonds veräußert.
▸ www.thyssengas.com

The manufacturer's authorised representative in the EU is Springer Nature Customer Service Centre GmbH, Europaplatz 3, 69115 Heidelberg, Germany. If you have any concerns regarding our products, please contact ProductSafety@springernature.com

Printed and bound by CPI Group (UK) Ltd, Croydon, CR0 4YY
23/03/2026
02076666-0001